미지의 세상에서
일상으로 온 방사선 이야기

이 세상 모든 곳의
방사선

방사선맘 시리즈 2 – 환경과 산업

이 세상 모든 곳의 방사선
방사선맘 시리즈 2 - 환경과 산업

초판 1쇄 발행 2023년 10월 6일

지은이 이레나, 서효정
펴낸이 장길수
펴낸곳 지식과감성#
출판등록 제2012-000081호

교정 김서아
디자인 정윤솔
그림 김준우(인천신정중)
편집 정윤솔
검수 주경민, 이현
마케팅 김윤길

주소 서울시 금천구 빛꽃로298 대륭포스트타워6차 1212호
전화 070-4651-3730~4
팩스 070-4325-7006
이메일 ksbookup@naver.com
홈페이지 www.knsbookup.com

ISBN 979-11-392-1338-6(03400)
값 17,000원

- 이 책의 판권은 지은이에게 있습니다.
- 이 책 내용의 전부 또는 일부를 재사용하려면 반드시 지은이의 서면 동의를 받아야 합니다.
- 잘못된 책은 구입하신 곳에서 바꾸어 드립니다.

지식과감성#
홈페이지 바로가기

미지의 세상에서
일상으로 온 방사선 이야기

이 세상 모든 곳의
방사선

방사선맘 시리즈 2 – 환경과 산업

이레나 · 서효정 지음

지식과감정

이 세상 모든 곳에
방사선이 존재합니다.

목차

Chapter 1.   어디에 사세요? ································· 9

Chapter 2.   어떤 음식을 드세요? ···························· 33

Chapter 3.   방사선이 환경 오염을 잡는다고요? ·············· 65

Chapter 4.   방사선이 신물질을 만든다고요? ················· 93

Chapter 5.   방사선이 물질을 분석한다고요? ················ 125

Chapter 6.   방사선은 역사와 예술을 드높입니다 ············ 159

맺음말 ··· 180

Chapter 1

어디에 사세요?

대한민국에 살아요

'사는 곳이 당신을 만듭니다.'라고 말하면 왠지 모르게 아파트 광고 같은 것이 떠오릅니다. 하지만 이 책에서는 광고 이야기가 아니라, 당신이 살고 있는 곳이 당신을 만든다는 이야기를 하고 싶습니다. 지구상 지역의 특성과 대기의 특성과 그리고 주변 환경이 이미 우리 조상들의 생물학적 특성을 만들었으며, 생명체로서 살기 위한 최적화 과정을 거쳤다고 생각합니다. 그리고 우리 대한민국의 인류는 이곳의 자연환경에 잘 적응하여 살아남았습니다.

"내 주변에 방사선이 있다고? 오, 말도 안 돼."

라고 말하는 분들이 더러 있습니다. 하지만, 우리 주변에는 방사선이 있습니다. 하늘에도 땅에도 집 주변에도 말입니다.

"어디에 사세요?"

"저는 우리은하, 지구 행성, 유라시아 대륙의 반도에 위치한 대한민국에 살고 있습니다. 게다가, 제가 살고 있는 지역을 좀 더 하나하나 알아보고 싶다면, 대한민국의 지역에 따른 국가환경 방사선 자동감시망 사이트를 살펴보면 됩니다. http://iernet.kins.re.kr에 들어가시면 자신이 사는 지역의 방사선량률을 확인할 수 있습니다. 우리 주변에는 환경 방사선이 있습니다."

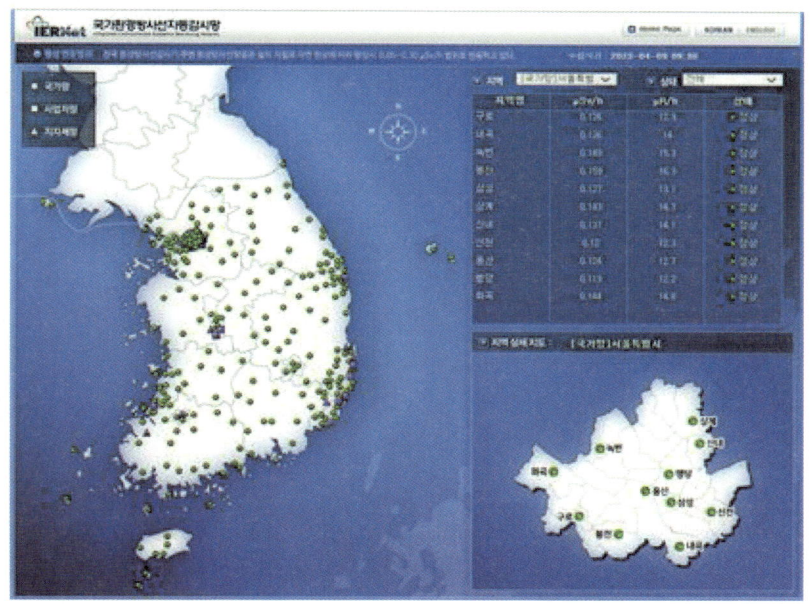

[그림] 국가환경방사선 자동감시망 서울 지역 방사선량 확인(2023.4.9.)

(출처: 국가환경방사선 자동감시망)

우주가 탄생할 때, 지구가 탄생할 때, 방사선을 뿜어내는 물질들이 가득했습니다. 이 물질들은 지구 행성의 구성물이 되고, 우주상에도 존재하는 자연의 본질적인 부분입니다. 지금도 여전히 우주에서 방사선이 날아오고 있으며 지각, 공기, 음식 등 모든 곳에 방사선이 존재합니다. 이렇게 자연적으로 발생해 우주에 존재하는 방사선을 자연 방사선이라고 합니다.

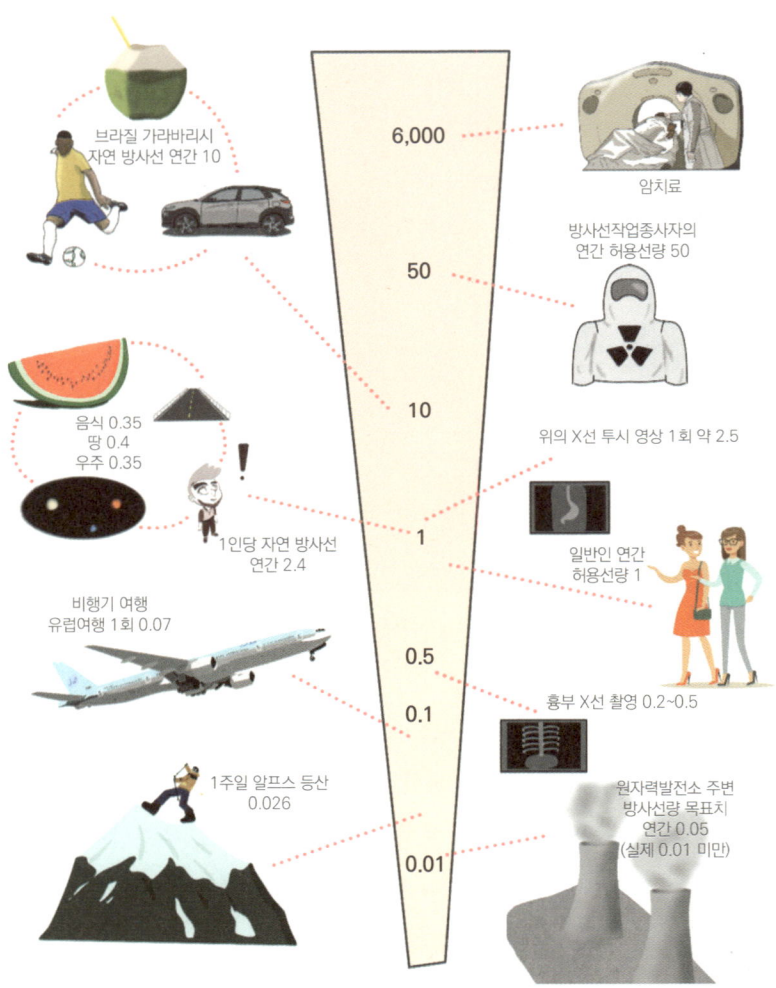

[그림] 생활 속의 유효 선량.

자연 방사선은 1년 동안 얼마나 맞을까?

전 세계적으로 연평균 자연 방사선량은 2.4mSv(밀리시버트)입니다. 자연 방사선 중 가장 많은 양이 라돈 가스에서 방출됩니다. 라돈은 공기 중에 포함된 물질로, 무거운 자연 방사성 원소의 방사성 붕괴 과정에서 만들어지는 비활성 기체입니다. 우라늄이나 토륨에서 라듐이 생성된 뒤, 다시 이들이 붕괴해 생성된 라돈 가스는 땅, 석고, 건물 등에서 끊임없이 확산돼 대기 중으로 퍼집니다. 라돈 자체는 헬륨과 같은 비활성 기체이므로 위해도가 미미하지만 라돈이 공기 중에서 붕괴하면서 생기는 방사선이나 자손 원소는 위해도가 큽니다. 실제로 우리가 맞는 방사선의 50% 이상은 라돈 가스에서 나온 것이죠. 관심의 주 대상인 라돈과 우라늄 농도는 지구 표면과 내부에서 크게 변하므로 라돈에서 발생한 피폭의 양은 전 세계적으로 다르게 나타납니다.

라돈이 뭐예요?

　방사성 라돈 가스(Ra-222)는 흡연 다음으로 폐암을 유발하는 환경 유발원으로 알려져 있습니다. 라돈은 라듐-226의 붕괴 생성물로, 지각에서 다양한 농도로 존재하는 가스이므로 토양으로부터 실내로 이동할 수 있습니다. 또한, 라돈-220나 라돈-222는 건축재로부터 실내 공기로 방출될 수 있습니다. 과거에 라돈은 천연 지각에 존재하는 자연 상태의 물질이라 관리나 규제의 대상으로 생각하지 못했습니다. 그러나 점차 과학이 발전하고 라돈으로 인한 사람과 자손의 피폭으로 인해 폐암을 초래한다는 증거들이 나오면서 국가 라돈 방호 전략이 나오게 되었습니다. 공중 보건 관점에서는 가옥에서 발생할 수 있는 피폭을 관리하여 일반 집단의 전반적인 피폭을 줄이는 것이 필요합니다. 1993년 국제방사선방호위원회(ICRP) 65 이래로 많은 나라에서는 라돈 피폭 관리를 위한 라돈 정책이 이행되었습니다. 세계보건기구(WHO)는 2009년에 실내 라돈 피폭 관리를 다룬 핸드북 발간을 시작하였습니다.

출처: ICRP 간행물 126 라돈 방사선피폭으로부터 방호

우주 방사선이 날아온다고요?

　광활한 우주에서도 방사선은 끊임없이 지구로 날아옵니다. 방사선은 우주가 생겨났을 때부터 존재하여 지금까지도 우주 공간을 떠돌아다니고 있습니다. 지구 탄생 초기에는 우주 방사선이 너무 많아 생명체가 살 수 없었지만, 지금은 방사선이 많이 약해져 다양한 생명체가 지구 위에서 충분히 살 수 있게 되었습니다. 우주 방사선은 태양과 같은 별에서 존재했던 원소의 원자핵들이 서로 합해지면서 핵융합 반응이 일어날 때 만들어집니다. 태양에서 오는 것이 밝은 햇빛만이라고 생각하다가는 큰일 납니다. 또한 초신성 폭발이 일어날 때, 심원한 우주 속에서 대단히 센 방사선이 방사됩니다. 초신성은 어느 정도 이상의 질량을 가진 별이 진화 과정을 끝내고 에너지를 한꺼번에 방출해 엄청나게 밝아지는 것을 말합니다. 그리고 별의 중심핵은 수축돼 아주 작은 중성자별이 되거나 블랙홀이 되는데 이것을 초신성 폭발이라 합니다. 이 과정으로 만들어진 방사선은 대부분 매우 높은 에너지를 가진 입자(입자 방사선)의 형태로 지구에 도달합니다.

[그림] 우주 방사선.

만약 대기가 없었다면?

우주의 방사선이 그대로 지구로 들어온다면 아마 지구에는 생명체가 살기 어려웠을 것입니다. 그나마, 물속이나 깊은 지층쯤에 생명체가 있을 수 있지 않았을까요? 지구에는 다행히 생명체의 보호막과 같은 대기권이 존재합니다. 우주에서 달려오는 중성자, 전자, 감마선 등은 지구 대기나 자기장과 충돌하며 다양한 2차 방사선을 발생합니다. 이러한 충돌을 통해서 방사선의 에너지는 점점 약해져서 지구 표면에 도달하게 됩니다. 대기가 없다면 우리는 우주에서 들어오는 강력한 방사선 때문에 살 수 없었을 것입니다.

[그림] 별이 보이는 하늘.
별이 훤히 보이는 하늘에도 대기는 있습니다.

대기와 우주 방사선

지구를 둘러싸고 있는 대기 덕택에 우리가 살고 있는 지구 표면으로 갈수록 방사선이 작아지지만, 지표면에서 높이 올라갈수록 대기의 차단 효과가 감소해 우주선은 조금씩 증가합니다. 해수면에서 100피트(약 30m) 올라갈 때마다 연간 0.01mSv만큼 증가한다고 합니다. 미국 콜로라도주의 덴버 같은 해발 1600m 지역은 더 많은 방사선을 받게 되는 셈입니다. 비행기를 타고 비행하는 것도 지표보다 많은 양의 방사선을 받게 됩니다. 서울에서 미국이나 유럽을 왕복하면 비행 중 받는 우주선량은 약 0.1mSv 정도입니다. 이전에는 비행기 승무원의 직업 방사선량을 방사선 작업 종사자에 준하여 기준을 정하였습니다. 연간 50mSv, 5년간 100mSv를 넘지 않는 범위에서 1년에 50mSv까지 된다는 개념이었다가 지금은 연간 6mSv로 하향 조정되었습니다. 특히 임신한 승무원의 경우 임신 인지일로부터 출산 때까지 2mSv에서 1mSv로 관시하도록 「승무원에 대한 우주방사선 안전관리 규정고시」를 개정하였다고 합니다.[1]

---

1 국토교통부, 우주방사선으로부터 조종사·항공승무원을 지킵니다! – 우주방사선 안전관리 기준 개선, 2021.

[그림] 산악 지대.
고도가 높은 산악 지대는 대기 방사선이 더 높습니다.

방사선은 피할 수 있을까요?

정답은 없습니다! 방사선은 암석, 토양, 건물 등 지구의 다른 물질에서도 자연적으로 발생합니다. 연간 우주에서 날아오는 양과 비슷한 양의 방사선이 지구에서 자체적으로 나옵니다. 우리가 방사선을 피하는 건 사실상 불가능하다는 것이죠. 심지어 우리 몸에서도 상당한 정도의 방사선이 나옵니다. 이는 주로 몸속의 칼륨 때문인데요, 칼륨 속에 미량으로 존재하는 칼륨-40은 강한 방사능을 지니고 있기 때문입니다. 즉, 방사선은 우주에서 날아들고, 땅속에서 솟고, 공기 속에 생기고, 몸속에서도 나오는 친근한 존재입니다. 방사선과 삶은 떼려야 뗄 수 없는 이유이기도 하지요. 지구는 우주 먼지에서 생성된 별인 태양에서 태어났고, 우리는 그 행성인 지구에서 태어났습니다. 그러니 우리는 우주 먼지로 이루어졌으며, 방사선을 발생하는 원소 또한 있을 수밖에 없습니다.

[그림] 우리 몸은 우주의 성분에서 기인하였습니다.
우주 먼지로 만들어진 지구에서 새싹처럼 자란 우리.
우리 몸은 우주입니다.

화강암이 많은 우리나라

화강암이 뭐예요? 마그마가 지각 아래 깊은 곳에서 굳어지면 결정의 크기가 큰 암석이 만들어지는데 이것을 심성암이라고 합니다. 화강암은 심성암 중의 하나로 우리나라에 흔한 조립결정질의 암석입니다. 화강암은 주로 석영이나, 정작성 등의 성분으로 구성되어 있습니다. 자연 방사선량은 자연환경에 따라 변화하기 때문에 지역마다 크고 작은 차이가 있습니다. 화강암 등 자연 방사성 물질이 많은 우리나라의 경우 연간 평균 자연 방사선량보다 조금 높은 3mSv를 받으며 핀란드는 7mSv 이상, 일본은 예상과 달리 우리나라보다 낮은 1.5mSv 정도입니다.

[그림] 화강암.
우리나라에 흔한 화강암은 자연 방사성 물질이 많습니다.
화강암이란 마그마가 지각 깊숙한 곳에서 식으면서 만들어진 암석 중 하나입니다.

낮은 방사선의 인체 효과는 알기 어려워요

하지만 중요한 것은 이 정도의 방사선을 인체가 받을 때, 인체에 나타나는 영향은 확인하기가 어렵다는 것입니다. 인체가 적은 양의 방사선을 받았을 때, 우리 몸을 구성하고 있는 원자들에 변화가 발생할 수 있고, 분자들도 변화가 발생할 수 있지만, 생물학적으로는 큰 영향이 없습니다. 즉, 자연 방사선량이 높은 나라라고 특별히 암 환자가 많거나 건강이 좋지 않은 것은 아닙니다. 따라서 특별히 수치상으로 지정된 위험 구역이 아닌 이상 자연 방사선 수치가 높아서 방문 자체를 꺼리는 것은 전혀 걱정할 필요가 없습니다. 싫은 것은 심리적인 것이고, 위험하냐 하지 않느냐는 현재의 과학적 사실에서 결정되는 부분입니다.

[그림] 분화구.
작은 파편이 떨어져 생긴 분화구와 큰 파편이 떨어져 생긴 분화구의
규모가 다르듯이 낮은 자연 방사선은 생물학적으로 영향력이 없습니다.

인공 방사선이 흔한 곳은?

방사선과 우리의 삶을 분리하여 생각하기 어려운 또 하나의 이유는 과학이 발전하면서 우리가 방사선을 직접 만들고, 또 원하는 곳에 쓸 수 있게 되었기 때문입니다. 이러한 것들을 인공 방사선이라고 합니다. 인공 방사선은 방사선이 어디 있는지 정확히 알뿐더러 원할 때 원하는 양의 방사선만 나오도록 조절할 수 있습니다. 가장 흔하게 만나는 인공 방사선은 의료 분야입니다. 병원에서 사용하는 X선이나 CT, PET 등 수많은 방사선 의료 기기 장비를 볼 수 있습니다. 방사선을 이용해서 직접 치료를 하기도 하고, 수술이나 시술을 하는 과정에 사용하기도 합니다. 일반인들이 검사 목적으로 받는 의료 방사선량은 연간 0.5mSv 정도입니다. 이처럼 현대 의학에 질병의 진단 및 치료에 방사선은 필수적인 존재가 됐다고 할 수 있죠. 이 내용은 뒤에서 더 자세히 다루도록 하겠습니다.

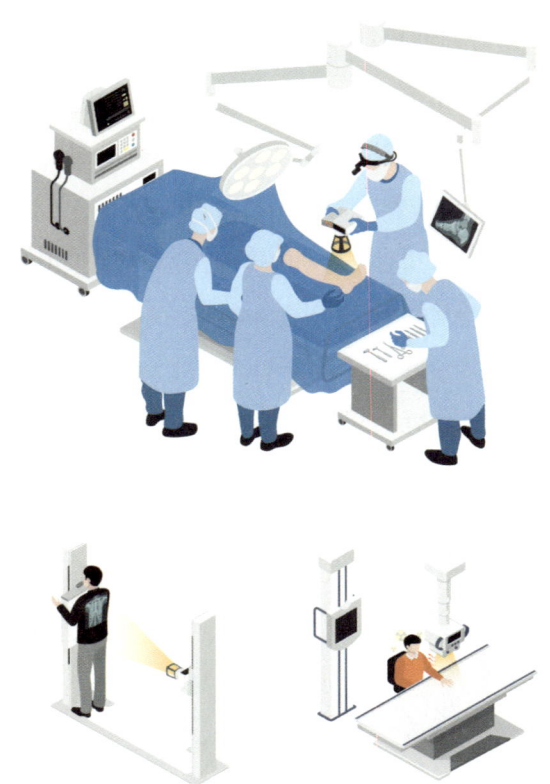

[그림] 방사선 영상 장치.
환자의 질병을 진단하고 치료하는 과정에서 방사선 의료 기기가 활용됩니다.

인공적인 것이 자연적인 것보다 나쁠까요?

방사선에서는 다르지 않습니다. 사람들은 왠지 자연 방사선은 보다 안전할 것이라고 믿지만, 방사선(감마선, X선, 베타선, 전자선, 양성자, 중성자, 알파선, 등) 그 자체는 자연 발생한 물질이든 인공 물질이든 인체에 미치는 영향력은 동일합니다. 즉, 어디서 나왔든 방사선의 본질은 같다는 것입니다. 방사선 영향은 자연 방사선과 인공 방사선의 차이보다는 노출된 방사선의 양, 방사선의 종류, 우리 인체의 장기의 종류, 우리의 일반적인 건강 상태 등에 영향을 받습니다. 발생 원인과 상관없이 방사선의 특성이 우리 인체에 영향을 줄 것입니다. 생활 속에서 받은 방사선량에 따라서 결정되는 것입니다. 다만 인공 방사선은 우리가 만드는 방사선이므로, 원하는 때만 방사선이 나오고 원하지 않을 때는 방사선이 나오지 않는데, 자연 방사선은 항상 계속해서 방사선이 나온다는 차이가 있습니다.

자연 방사선은 계속 나옵니다.   인공 방사선은 원할 때만 나옵니다.

버튼을 누르면   버튼을 "안" 누르면
방사선이 나옴   방사선이 "안" 나옴

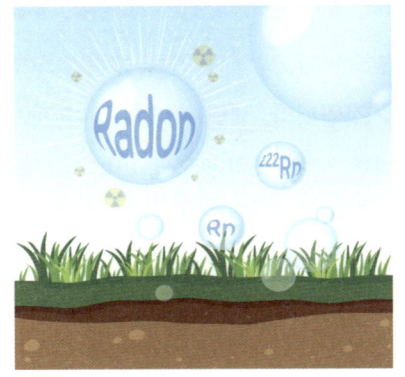  

[그림] 방사선량의 중요성.
인공적인 방사선과 자연적인 방사선인지에 관계없이
방사선량이 동일하면 인체에 미치는 영향도 동일합니다.

양날의 칼, 방사선

방사선은 아주 특별한 빛입니다. 때로는 물질을 그냥 투과해 버리고 때로는 물질을 때려 구조를 바꾸기도 합니다. 또한 방사선은 높은 열로 바뀔 수도, 밝은 형광이 될 수도 있죠. 원자를 쥐락펴락할 정도로 할 수 있는 게 매우 많은 녀석입니다. 이를 재앙으로 생각하느냐, 재능으로 생각하느냐는 동전의 양면 혹은 양날의 칼과 같습니다. 이런 면에서 방사선은 정보 기술(IT)과 비슷합니다. IT는 사람들의 삶을 바꿔 놓은 최고의 선물이 되었지만 정보 유출과 해킹, 윤리 등 커다란 문제를 만들기도 했죠. 방사선도 마찬가지입니다. 비록 방사선의 이미지는 원전, 원폭 속에 담겨 있다고 하더라도 우리의 삶 속에선 그보다 훨씬 더 다양하고 유익한 형태로 세상 곳곳에 존재하고 있습니다. 뢴트겐의 발견 이후 방사선 연구는 100년이 넘는 시간 동안 지속돼 왔습니다. 그렇게 과학자들이 남긴 위대한 유산은 후대 과학자들에게 전해져 찬란한 문화가 됐습니다. 이미 역사 속 깊숙이 자리 잡은 방사선은 기존 기술의 한계를 뛰어넘어 삶의 모습을 바꿔 놓았습니다. 이제는 인간과 떼려야 뗄 수 없는 방사선, 그 무궁무진한 응용 분야를 살펴보겠습니다.

[그림] 양날의 칼.
방사선은 천사처럼 이로움을 주지만, 칼과 같은 위험성이 숨어 있습니다.

Chapter 2

어떤 음식을 드세요?

C 농·생명 분야의 방사선 활용

먹는 것. 동서고금을 막론하고 인간 사회에 이보다 더 중요한 것은 없을 것입니다. '다 먹고살자고 하는 것인데.'라는 말에서도 알 수 있듯이 먹는다는 건 삶의 가장 기본적인 이유이자 조건입니다. 즉, 어느 시대에나 충분하고 안전한 식량의 확보가 무엇보다 필수였습니다. 하지만 오늘날조차도 하루에 수만 명이 굶주림으로 죽어 가며, 세계 어디서나 식품을 둘러싼 논쟁은 끊이지 않고 있습니다. 동물이든 식물이든 미생물이든 생물에 방사선을 쬐이면 어떤 변화가 생깁니다. 이 변화는 때로는 독이 될 수도 있지만 사용하기에 따라 놀라운 결과를 얻을 수 있습니다. 오늘날 방사선은 우리가 먹는 식품에 활용하고 있습니다.

[그림] 식품의 중요성.
인류는 생존을 위해 다양한 먹거리를 찾고 생산해 왔습니다.

20세기 녹색 혁명의 주역

　식량이 부족했던 20세기에, 식량 생산량을 몇 배나 증가시킨 농업 혁명 중 하나인 녹색 혁명을 이뤄 냈습니다. 인류의 세 가지 대단한 연구 업적을 알아보고자 합니다. 그 첫 번째 주역은 바로 질소 비료의 생산입니다. 과학자 하버와 보슈가 개발해 낸 '하버-보슈법'은 질소와 수소를 반응시켜 암모니아를 만들어 냈습니다. 이는 질소 비료를 대량 생산할 수 있는 길을 열어 식물이 필요로 하는 영양소를 제때 공급할 수 있게 되어 생산량을 크게 증가시키는 계기가 되었습니다. 두 번째 주역은 농약, 즉 살충제입니다. 농약이란 농경지의 토양 소독, 종자 소독 및 작물의 재배 기간 중에 발생하는 병해충으로부터 농작물을 보호, 수확한 농산물 저장 시 병해충 손실 방지까지 포함하는 모든 약제를 말합니다. 이 역시 농작물 생산과 수확에 크게 이바지한 화학적 발명품입니다. 그리고 농작물에 피해를 주지 않으면서 인류가 필요로 하는 품종으로 개량하는 방법에 방사선을 이용하였습니다. 이것이 바로 세 번째의 혁명입니다!

[그림] 보리밭.
녹색 혁명이란 품종 개량, 화학 비료, 살충제와 제초제 등으로
식량 생산을 획기적으로 증가시킨 변화를 말합니다.

유전적 변화에 걸리는 시간

식물의 유전적 구조가 변화하고, 이것이 자연적인 변화로 받아들이기 위해서는 매우 긴 시간이 걸립니다. 특히, 유전자의 변화는 대를 거듭하면서 무작위로 일어나야 하므로 그 자연적인 진화를 위해서는 절대적인 시간이 필요할 수밖에 없습니다. 또한 자연적인 진화에 의한 결과는 매우 천천히 일어나므로 우리가 살고 있는 기간 내에 대단히 큰 종의 변화를 기대하기는 어렵습니다. 그러나 방사선 기술을 이용하면 우리가 식생활에 필요한 종을 만들어 내는 이 과정을 매우 짧은 시간에 일어날 수 있도록 할 수 있습니다. 이렇게 농작물의 씨앗이나 작물 자체에 방사선을 쬐여 DNA를 개조한 새로운 종을 만드는 과정이 방사선을 통한 품종 개량입니다. 또한 기존의 유전 형질을 조합해 이용하는 전통 육종과 달리 방사선 돌연변이 육종은 새로운 형질을 탄생시켜 적용할 수 있습니다. 즉, 방사선을 이용하면 서리에 잘 견디는 종, 풍부한 영양소를 함유한 종, 가뭄에도 잘 자랄 수 있는 종, 색깔의 변화 등 기존보다 심미성을 강화한 종과 같이 우리의 요구를 만족시키는 농작물을 만들어 낼 수 있게 되었습니다.

[그림] 유전적 변화에 필요한 시간.
유전적 변화에 걸리는 시간은 매우 길고 예측하기 어렵습니다.
방사선은 유전자 변화의 시간을 바꿀 수도 있습니다.

Chapter 2. 어떤 음식을 드세요? 39

품종 개량의 시작

1928년 허먼 조지프 멀러(H. J. Muller)가 초파리에 방사선을 쬐여 인위적인 돌연변이를 만드는 데 성공한 것을 출발점으로 방사선 품종 개량의 연구가 시작됐습니다. 새로운 유전적 구조의 조합을 만들기 위해 세심한 방사선 조절과 시도를 계속한 결과 쌀, 보리, 밀, 면화, 옥수수, 바나나, 콩, 사탕수수 등 주요 작물의 개량된 우수한 품종이 탄생했습니다.

대표적인 예로 일본에서는 태풍에 강하고 재배가 용이한 벼 '레이메이'를 만들고, 이를 더 개량해 오늘날에도 유명한 '아키히카리'를 탄생시킨 사례가 있죠. 이집트에서 개발된 벼 '반난쟁이(semi-dwarf)'는 세계 평균의 두 배 이상인 헥타르(ha)당 9톤을 더 거둬들였습니다. 또한 방사선 덕분에 태국은 세계적인 쌀 수출국이 됐습니다. 오늘날 소비되는 피자의 50% 이상이 직접적으로 방사선 이용의 결과라고 하며, 이탈리아는 밀 생산으로 매우 유명한 나라 중 하나입니다. 이렇듯 방사선을 이용한 품종 개량은 생산량 자체를 크게 증가시켰을 뿐만 아니라 고영양성이 함유된 품질까지로 발전시켰습니다.

새로운 품종의 탄생

　방사선 기술은 의류 산업에 필요한 면화나 기호 식품인 박하 같은 종을 해충과 질병에 잘 견디도록 지켜 주었습니다. 또한, 발전된 기술은 화훼의 외관을 바꿔 가지각색으로 풍채를 내뿜는 아름다운 꽃을 만들어 냈습니다. 우리가 잘 알고 있는 '씨 없는 수박'도 방사선을 이용해 만들어 낸 것입니다. 20세기 중반 우장춘 박사가 3배체 유전자 처리를 통해 씨 없는 수박을 만들었지만, 맛이 없었기에 거의 생산되지 않았습니다. 그로부터 52년 후, 충북 진천군 농업기술센터에서 꽃가루에 장파장 X선을 쬐여 맛과 육질을 살린 씨 없는 수박을 만들어 내는 데 성공합니다. 사실 이 정도의 사례는 방사선이 농작물 개발에 미친 영향 가운데 극히 일부에 불과합니다. 방사선 품종 개량은 알고 보면 놀라울 정도로 우리가 당연하게 생각하는 수많은 것들에 적용돼 있습니다.

[그림] 씨 없는 수박.
우장춘 박사는 유전자 처리를 통해 씨 없는 수박을 개발하였습니다.

방사성 동위 원소 추적자

방사선이 수확물 생산에 관여하는 것은 이뿐만이 아닙니다. 방사성 동위 원소는 아주 적은 양만 있어도 외부에서 그 존재를 확인할 수 있습니다. 따라서 물질 속에 방사성 동위 원소가 포함돼 있으면 여기에서 나오는 방사선을 측정해 그 물질이 어디에서 어디로, 어느 정도로 이동했는지 알 수 있어요. 이러한 방법을 '추적자(tracer)' 기술이라고 합니다.

각기 다른 종류의 화학 비료에 부착된 방사성 동위 원소 추적자는 식물 내부의 결정적인 곳에 흡수되므로 우리는 이를 통해 부족한 영양소가 무엇인지를 알 수 있습니다. 이로써 대량의 수확물 산출을 위해 필요한 화학 비료의 양을 상당히 줄일 수 있고, 환경 파괴도 최소화할 수 있습니다. 그리고 농업에서 꼭 필요한 물의 경우에도 활용됩니다. 식물 성장에 필요한 습기가 충분한지를 측정하거나 지하수의 유속과 분포 등을 아는 데에도 방사성 추적자가 사용됩니다.

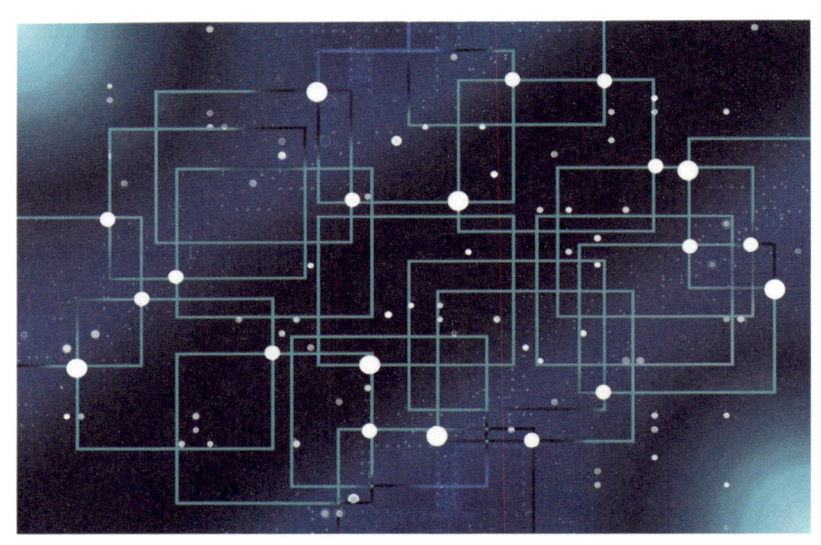

[그림] 방사성 동위 원소 추적자란?
방사성 동위 원소를 물질을 이용하여 방사선을 검출하여
추적할 수 있는 원리입니다. 순환하는 자연의 과정과
동물의 섭취, 흡수, 대사, 배설 등에도 이러한 원리를 이용할 수 있습니다.

축산업에 활용 가능한 탄소-14(자연 방사선)

이는 축산업에서도 마찬가지인데요. 동물의 탄소-14 같은 방사성 동위 원소를 표지하고 소화 체계를 분석하면, 사료나 약물이 어디에서 얼마나 분해돼 어떤 조직에 흡수되는지 알 수 있습니다. 이를 통해 가축의 영양 상태를 파악하기 쉬우며 질병의 진단과 치료에도 큰 효과를 낼 수 있습니다. 또한 동물 먹이와 산출물의 영양적 가치를 계산할 수도 있습니다. 예를 들어 인도네시아에서는 들소의 주요 영양소인 단백질과 무기물 등의 결핍을 분석해 영양제를 개발했으며, 소가 섭취하는 풀 소비량을 80% 가까이 절감하면서 몸무게를 주당 3kg씩 증가시키기도 했습니다. 필리핀에서는 요오드(아이오딘)-125로 표지된 추적자를 이용해 어패류의 오염을 일으키는 독성 조류 발생을 관리하고 있죠.

[그림] 축산업에 활용 가능한 탄소-14.
지역의 부족한 영양분을 확인하고 가축의 영양분을 평가하는 데 활용할 수 있습니다.

방사선 호메오스타시스

저선량의 방사선은 고등 식물의 생리 활성을 증진시킵니다. 이러한 효과를 '방사선 호메오스타시스'라고 부르는데 명확한 원인은 완전히 규명되지 않았지만, 식물의 고유한 천연물 합성이 방사선에 영향을 받는다는 사실이 알려지면서 그 가치가 드러나게 되었습니다. 낮은 선량의 방사선은 세포 증식을 촉진해 발아와 생장률을 높이거나 환경 스트레스 저항성을 증가시켜 궁극적으로는 작물의 생산성을 향상시킬 수 있습니다. 저선량의 방사선은 높은 선량과 달리 식물의 생장 억제와 에너지 감소를 유발하지 않으면서 식물 고유의 천연 물질 합성을 선택적으로 증가시키므로 다양한 활용 가능성이 예상됩니다.

[그림] 백리향 꽃.
생명체는 항상성을 유지하며 생존을 유지하는 노력을 하고 있습니다.
이것을 호메오스타시스라고 합니다.

해충의 본질적 방지

매년 모습을 드러내는 해충은 우리에게 큰 골칫거리입니다. 특히 해충은 농업에 심각한 피해를 주어 매년 엄청난 규모의 손실을 가져옵니다. 하지만 주변의 피해 없이 수많은 곤충을 통제하기는 사실상 어려울 뿐만 아니라 심지어 살충제에 내성을 가진 녀석들까지 생겨나고 있습니다. 해충들을 효과적으로 제거하는 방법 중 한 가지가 방사선을 이용하는 것입니다.

[그림] 메뚜기 떼의 습격.

해충의 생식을 막다

방사선을 쬐여 불임충을 만드는 것인데요, 이 방법은 곤충을 기른 다음, 높은 감마선을 쬐여 생식 기능을 손상시킨 성충을 자연으로 내보내는 것입니다. 이들 개체와 짝짓기를 하면 새끼가 생기지 않습니다. 번식 능력을 잃은 그 곤충은 수가 점점 감소하다가 아주 없어지게 될 것입니다. 이 방법은 환경 오염이나 2차 피해가 없으면서도 해충을 박멸할 수 있는 신기한 기술입니다.

이 곤충 불임 기술이 처음 시도된 건 카리브해의 섬과 미국 플로리다 반도에 분포하는 나사구더기파리였습니다. 곤충을 증식시킬 수 있는 시설을 만든 뒤 번데기에 감마선을 쬐여 주기적으로 방사함으로써 2년 만에 이를 근절하는 데 성공했습니다. 이 외에도 일본과 지중해 등에서 과일에 피해를 주는 과일파리 역시 방사선을 통해 몇 년 만에 박멸할 수 있었으며 이후 매우 큰 경제적 효과를 올리기도 했습니다.

[그림] 불임충 기법.
번데기에 감마선을 쬐여 번식 능력을 없애서 개체수를 줄이는 방법입니다.

식품 방사선 조사 - 오염으로부터 음식을 지키다

먹을거리 문제는 생산에만 있는 것은 아닙니다. 생산된 식량을 한 번에 다 소비할 수는 없기 때문에 보관 기법은 매우 중요합니다. 실제로 수확된 식량 전체의 4분의 1 이상이 먹을 수 없게 돼 버려진다고 합니다. 더 무서운 것은 오염되고 상한 음식은 사람에게 치명적입니다. 매년 많은 사람이 식품의 영향으로 구역질, 식중독, 위경련 등을 경험하며 심할 경우에는 사망에 이르기도 합니다. 그러므로 식품 생산에 못지않게 중요한 것은 음식이 오염되거나 변질되지 않도록 지키는 것입니다.

식품 보존의 전통적인 방법으로 발효, 염장, 훈제, 건조, 냉동, 통조림 등이 있습니다. 근대에는 메틸 브로마이드 같은 화학 약품을 첨가하는 기술이 발전했습니다. 그리고 최근에는 방사선이 식품 보존에 매우 효과적이고 뛰어나다는 것이 알려지며 널리 활용되게 되었습니다. 바로 식품 방사선 조사입니다.

[그림] 식품 곰팡이.
방울토마토에 곰팡이가 자란 모습.

박테리아와 병원성 미생물만 제거

식품 방사선 조사(照射)는 목표 병원균만을 제거하거나, 식물의 생리적 변질을 제어하기 위해 정확한 양의 고에너지 방사선을 식품에 쪼이는 기법입니다. 방사선에는 방사능 오염이 없는 감마선이나 전자선이 사용됩니다. 이 방법은 박테리아나 다른 병원성 미생물의 DNA나 재생 주기를 손상시켜 그 개체를 줄이거나 없앨 수 있습니다. 이를 통해 부패와 식중독을 일으키는 살모넬라균, 비브리오, 노로바이러스, 대장균 등을 효과적으로 제거할 수 있습니다. 또한 방사선 조사는 일부 과일이 숙성돼 상하거나 감자나 양파에서 독성 단백질이 든 새순이 나는 것과 같은 생리적 과정을 방지할 수도 있습니다. 이 자체도 좋지만 더 큰 장점은 부패 없이 장기간 식품을 저장할 수 있다는 것입니다. 그 결과 세계적으로 장거리 무역을 활성화되었으며, 냉장 등이 어려운 개발 도상국에도 식량 공급을 증가시킬 수 있었습니다.

식품군	조사 선량(kGy)	주요 목적 및 효과
육류, 가금육, 어패류, 채소 및 기타 신선 식품을 이용한 특수 영양 식품, 무균 식품 등	20~70	살균 멸균 처리 후 상온 보존
향신료	8~30	미생물 유효 감균 및 곤충 사멸 화학 살균, 살충의 대체
육류, 가금육, 어패류	1~10	병원성 미생물의 살균 및 부패 방지
딸기 등 과채	1~4	곰팡이 제거로 보존성 연장
곡류, 과일, 채소	0.1~1	해충 제거
바나나, 아보카도, 망고 등	0.25~0.35	숙성 지연
돼지고기	0.08~0.15	선모충(기생충) 제거
감자, 양파, 마늘	0.05~0.15	발아 억제

주요 식품군의 방사선 조사 목적 및 선량

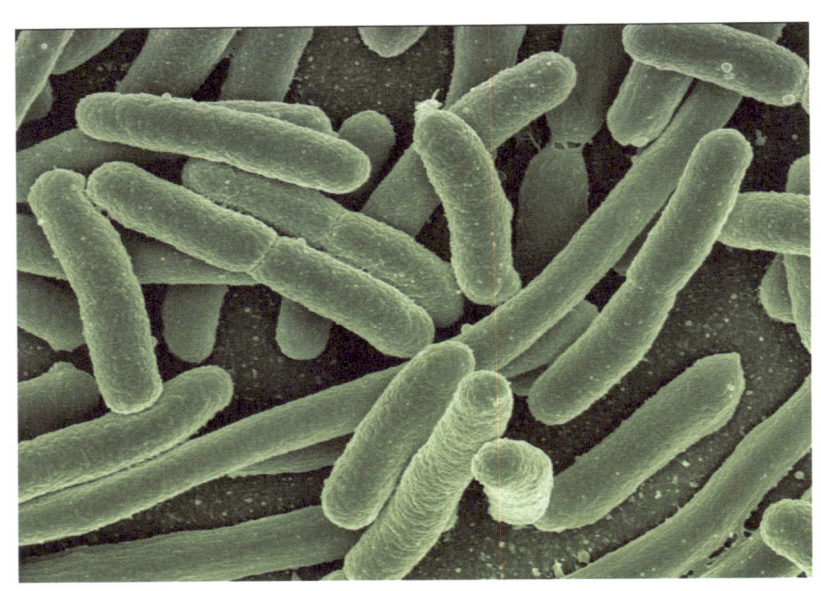

[그림] 박테리아.
방사선 조사를 통해 음식물에 붙은 병원성 박테리아 등을
제거하여 부패를 방지할 수 있습니다.

식품 안전 관리를 통한 질병의 예방

질병 치료보다 더욱 중요한 것은 질병이 생기는 것을 예방하는 것입니다. 즉, 식품의 안전성을 향상시키는 것이 가장 우선돼야 합니다. 이처럼 방사선 조사는 식품의 보존 기간을 상당히 연장시킬 수 있고 문제를 일으키는 병원성 유기체를 엄청나게 감소시킬 수 있습니다. 대표적으로 미국 농무부와 식품의약국(FDA)은 식중독 사고의 원천 방지를 위해 2004년 1월부터 고등학생들에게 방사선을 조사한 햄버거를 급식하고 있답니다. 심지어 식품 방사선 조사는 우주에서도 닭갈비 같은 음식을 먹을 수 있도록 활용하고 있습니다.

식품 방사선 조사에서 매우 중요한 점은 가공된 식품은 절대 방사성 물질이 아니라는 것입니다. 법적으로 조사에 사용되는 방사선 에너지는 5MeV(메가전자볼트) 이하여야 합니다. 이 정도 조사량의 방사선은 식품에 핵반응을 일으킬 수 없으며, 방사성 물질로 변형시키는 것은 더욱 불가능합니다. 또한 방사선 조사 과정에서 어떠한 방사성 물질도 식품에 들어가지 않으며 한번 방사선을 쬐인 식품에 다시 방사선을 쬐이지 못하도록 관리하고 있습니다.

[그림] 우주선 내 음식.
우주선 내에서는 배탈이 나면 안 되기 때문에 안전 관리가
강화된 방사선 조사 음식을 제공하고 있습니다.
식품은 5MeV 이하로 조사됩니다.

화학적 처리보다 안전한 식품 방사선 조사

식품 방사선 조사는 비교적 현대적 기술이지만 그 어떤 보존 기술보다 철저하게 연구돼 왔으며, 식품 방사선 조사만큼 안전성 평가를 강도 높게 시행하는 식품 공정은 없을 것입니다. 지금까지의 수많은 테스트와 영양 평가, 학술 단체의 연구에서 어떤 특별한 문제도 나타나지 않았습니다. 이전의 화학 처리를 통한 방법은 환경과 그 식품 자체도 화학적인 영향을 받았지만, 이에 비해 방사선 조사는 맛이나 질감 같은 음식의 특성을 변화시키지 않고 살균합니다. 일정 수준의 방사선을 쬐인 식품은 어떤 독성 위험도 없으며 특별한 영양학적 문제도 없다는 것이 세계적으로 연구를 통해 분명히 입증되었습니다. 간혹 특정 비타민에 작은 손실이 있더라도 이는 조리 과정에서 파괴되는 영양소보다도 현저히 적은 정도입니다.

미국에서는 식품이 방사선 조사됐으며 불필요한 오염원이 제거됐음을 알리기 위해 라벨을 부착하도록 했습니다. 국제적으로도 방사선이 조사된 식품임을 나타내기 위해 '조사도안(radura)'이라는 국제 기호가 있습니다. 로고는 그림과 같습니다.

[그림] 국제 식품 방사선 조사 로고.

방사선 처리된 식품에는
"방사선이 남아 있지 않습니다."
"그래서 안전합니다."

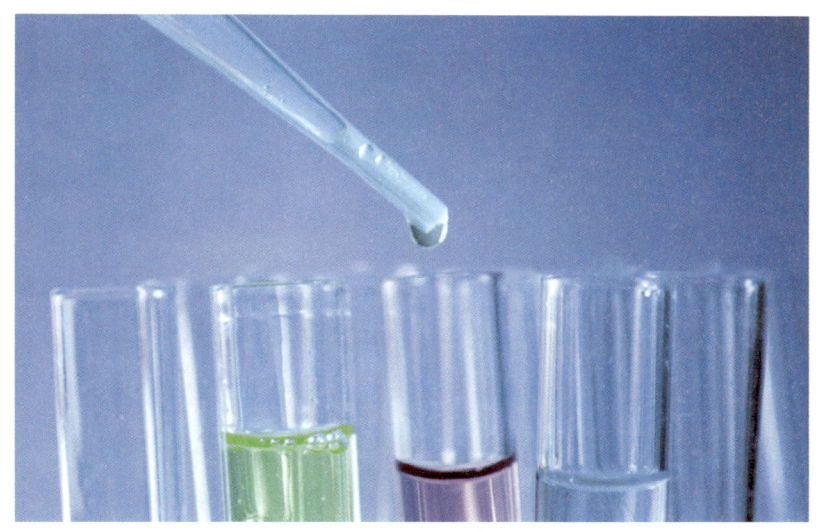

[그림] 화학 처리 식품 변화.
식품에 화학 처리를 하면 음식의 재질과 맛을 변화시킬 수 있으며,
잔류된 성분이 인체에 장기적으로 미치는 영향을 평가해야 합니다.
그러나 방사선은 일정 수준 이하의 조사에 의하여 독성이 없음을 평가받아 안전합니다.

전 세계 52개국 방사선 조사 승인

현재 전 세계 52개국에서 230여 종의 식품에 방사선 조사 승인을 받았습니다. 특히 방사선 조사된 식품은 식품의 보존과 안전이 매우 중요한 환경에서 널리 인정받고 있습니다. 예를 들어 우주 정거장에서 임무를 수행하는 우주 비행사 식량이 있으며, 이 외에도 장시간 비행하는 항공기나 병원, 학교 등에서 많이 사용되고 있습니다.

아직 일반 대중에게는 방사선 조사가 낯선 것이 사실이고, 일부 단체에서는 아직도 방사선 조사에 반감을 표시하고 있습니다. '방사선 조사 식품'이라는 이름 때문에 방사능에 오염된 식품이라는 오해도 적지 않게 받고 있습니다. 그렇기 때문에 방사선 조사 식품의 보급 승인이 빠르게 진행되지 못하고 있기도 합니다. 하지만 증가하는 인구와 시대적 요구에 직면해 방사선 조사 식품의 긍정적 인식이 확대되고 일상의 한 부분으로 자리 잡을 것임은 분명합니다. 남은 것은 우리가 이를 받아들이고 이해하는 일일 것입니다.

방사선 조사 ≠ 방사선 오염

[그림] 범용적인 식품 방사선 조사 기법.
전 세계 52개국에서 식품 방사선 조사 기법을 사용하고 있습니다.

Chapter 3

방사선이
환경 오염을 잡는다고요?

환경 오염 잡는 방사선

　방사선과 환경, 두 단어의 관계는 꽤 어색해 보입니다. 방사선이 환경을 오염시킨다면 몰라도 환경을 보호한다는 말은 들어 보신 분은 드물겠지요? 또한 일반적으로 환경 단체는 방사능과 원자력에 반감을 가지고 있습니다. 하지만 방사선이 얼마나 환경을 보호하고 정화시킬 수 있는 능력이 다양한지 알게 되면 매우 놀랄지도 모릅니다. 미국 원자력협회 회장으로 지냈던 앨런 월터 교수는 핵공학자인 자신의 직업을 환경공학자라 해도 무방하다고 말할 정도였습니다. 방사선이 잡는 것은 해충만이 아닙니다. 환경 오염 역시 방사선으로 잡을 수 있습니다.

[그림] 수질 오염 사진.

물은 어떻게 깨끗해지나요?

생명이 살아가는 데 가장 필수적인 것 중 하나는 물입니다. 우리 몸만 하더라도 70%가 물이기에 그만큼 깨끗한 물을 확보하는 것은 과거에도, 지금도 매우 중요할 수밖에 없습니다. 이렇듯 문명에 필수인 수질의 정화에도 방사선은 유용합니다.

전자 빔 가속기에서 만들어진 방사선은 기본적으로 살균력을 지니고 있을 뿐만 아니라 유기물의 분해에도 상당한 효과가 있습니다. 전자 빔 가속기는 전자총에서 방출되는 전자를 가속시켜 고에너지의 전자 빔을 만드는 장치입니다. 이렇게 가속된 전자가 물질에 흡수될 때 형성된 이온 및 들뜬 상태(에너지가 높은)의 분자를 1차 산물이라고 하며, 이 1차 산물은 연속 반응을 일으킵니다. 이를 물에 직접 쬐임으로써 오염 물질을 완전히 분해하면서 효과적으로 제거할 수 있습니다. 이전의 기술은 대부분 물질의 근원적 제거보다는 오염원을 분리, 전환하는 정도였지만 방사선을 이용한 정화 기술은 오염 물질을 원천적으로 제거할 수 있다는 장점이 있습니다.

또한 화학 약품을 쓰지 않기 때문에 2차 오염 문제도 없으며, 처리 시간이 짧아 대용량의 정화도 얼마든지 가능합니다. 그와 함께 전원을 차단함으로써 순간적으로 전자 방출의 중단과 전자 빔의 완벽한 차단이 가능합니다.

[그림] 수질 오염 처리 전자 빔 가속기(인공 방사선).
전자 빔 가속기는 전기를 켜고 끄는 방법을 씁니다.
오염된 물에 에너지를 주어 물을 정화시키며 화학적 약품과 달리
2차 오염을 유발하지 않습니다.

난이도 높은 염색 폐수와 축산 폐수를 처리

 방사선 수처리의 요긴한 점 중 하나는 처리가 어려운 종류의 폐수도 정화 처리가 가능하다는 것입니다. 가장 처리하기 어려운 폐수로 손꼽히는 염색 폐수도 전자 빔을 이용하면 독성을 무독화하고 생물학적으로 분해가 가능하도록 할 수 있으며, 대량의 화학 약품 사용을 절감할 수 있습니다. 이처럼 방사선은 무독화와 생물학적 분해 기능 향상에 탁월합니다. 그러므로 과다한 항생제 사용과 구제역 퇴치를 위한 잦은 소독으로 처리가 어려웠던 축산 폐수 역시 효과적으로 처리할 수 있습니다.

[그림] 폐수.
오염된 물에서는 물고기가 살 수 없습니다.

오염물 분해와 제균 효과를 가진 방사선

　또한 방사선을 이용한 물의 정화는 오염물 분해뿐만 아니라 세균까지 제거하는 효과가 있습니다. 일반적인 하수 처리장에서는 하수 처리 후 대장균이나 미생물의 처리를 위해 대량의 염소를 투입하고 있습니다. 하지만 아무리 염소를 대량으로 첨가해도 이 같은 처리로는 멸균에 한계가 있고, 해로운 2차 생성물이 발생하면서 오히려 환경 문제를 야기할 수도 있습니다. 이에 비해 방사선 조사는 오염 물질 처리와 함께 뛰어난 살균 효과까지 있어 수질을 크게 향상시킬 수 있습니다. 깨끗한 물의 중요성과 환경 문제에 인식이 높아지고 있는 지금, 방사선을 이용한 수질 정화는 갈수록 더 각광받을 것입니다. 특유의 강력한 분해 능력과 효율성, 친환경성으로 녹조류 처리 등에도 이용될 것으로 전망하며, 앞으로 더 많은 분야에서 큰 기여를 할 것으로 기대합니다.

[그림] 유해 바이러스와 균.
보이지 않는 크기의 바이러스와 세균은 제균의 과정을 필요합니다.

지구는 물이다

지구 표면의 약 70%는 바다이며 이 거대한 해양은 언제나 우리에게 경외와 관심의 대상이었습니다. 그리고 해양의 이 크고 복잡한 시스템을 연구하는 것 역시 방사선이 이용됩니다. 바닷속에 소량 존재하는 자연 방사성 동위 원소는 크게 삼중 수소(중성자 2개를 가진 수소)와 탄소-14, 그리고 우라늄과 토륨이 있습니다.

주로 비와 대기를 통해 유입된 삼중 수소와 탄소-14는 해수면 혼합 과정의 분석에 유용합니다. 해양 오염의 80%는 육지의 활동으로 생긴 것입니다. 강물에 실려 온 산업 폐기물, 농업 폐수, 중금속 등 인간이 내보낸 오염원이 대부분입니다. 여기에 방사선 기법이 주로 사용됩니다. 방사성 동위 원소를 이용해 오염원의 정체를 판별하며, 오염의 원인을 추적하고, 추적자를 이용해 해양에서 일어나는 과정과 결과를 이해할 수 있기 때문입니다. 예를 들어 한때 유럽의 변기라 불릴 정도로 오염됐던 흑해는 그 오염 정도와 복구 방식을 연구하기 위한 국제적 노력으로 지금 회복되고 있습니다. 그 중심에는 방사선 기술이 있습니다.

[그림] 탄소-14의 활용.
우주선에 의해 질소-14가 중성자를 포획하여 탄소-14가 됩니다.
탄소는 동위 원소로 탄소-12, 탄소-13, 탄소-14가 지구상에
존재하며 동식물이 탄소를 흡수합니다.
주변 환경의 오염원을 통해 유입된 탄소는
원래의 동물의 뼈, 식물 등의 탄소-14의 양을 변화시킵니다.
질소-14의 양을 추적하여 유래한 원인을 찾아낼 수 있습니다.

어패류 독성 물질 진단에 사용하는
요오드-125(자연 방사선)

또한 바다의 심각한 문제 중 하나인 적조 현상은 독성 조류가 확산돼 어패류를 오염시킵니다. 해안에 어패류 독성 물질이 존재하는지 여부를 진단하는 것은 무척 어렵습니다. 하지만 요오드-125를 표지로 삼아 의심스러운 패류의 호르몬 이상을 탐지하는 방사선 기술이 연구돼, 현재 시행되고 있습니다. 이는 기존보다 훨씬 정확하면서도 시간이 적게 걸리며, 해안 주변 사람들의 안전을 보장하고 어업을 도와주는 데 큰 역할을 할 것으로 보입니다.

[그림] 어패류의 질병 진단에 활용.
방사성 요오드를 이용한 어패류의 호르몬 이상을
탐지하는 기술이 연구되고 있습니다.

방사성 동위 원소(자연 방사선)를 이용한 해류 연구

그 외에도 깊은 바다 해류를 연구하는 것도 방사성 동위 원소에 의지하고 있습니다. 일반적으로 바닷물의 움직임은 바다 위에서 부는 바람, 온도와 염도가 다른 물이 지니는 밀도 차이에 따라 만들어지는데, 해류의 이동을 이해하고 연구하는 것은 기후 변화를 알고 오염의 확산을 막는 데 매우 중요합니다. 하지만 이러한 해류의 순환은 지형이나 특별한 기후 조건 때문에 무척 복잡하고 파악하기도 어렵습니다. 방사선 기법은 이들 정보를 수집하는 데에도 좋은 방법을 제공합니다. 아주 적은 양도 존재를 알 수 있는 방사성 동위 원소 추적자를 이용하면 그 이동 상태에 따라 해류의 움직임 역시 쉽게 관찰할 수 있습니다. 이 같은 방법을 통해 해류가 어디에서 어디로 이동하는지, 어느 지방에서 왔는지, 얼마만큼의 시간이 걸리는지도 파악할 수 있습니다. 또한 항만을 설계할 때도 이 같은 방법이 쓰인다고 합니다.

[그림] 해류 순환 추적.
방사성 동위 원소를 이용하여 해류의 순환을 파악합니다.

방사성 동위 원소를 이용한 해양 속의 자원 연구

방사선과는 멀리 떨어져 보이는 해양 속의 자원을 연구하는 데에도 관련 기법이 사용되는 것을 볼 수 있었습니다. 전체의 수천 분의 1도 되지 않은 비율의 방사성 동위 원소를 이용해 지구 표면의 70%를 알 수 있는 것이죠. 신기하다는 생각이 먼저 듭니다. 이와 같은 동위 원소 분석은 해양뿐만 아니라 작물이 살아가는 토양 구조와 침식 등의 분석에도 매우 중요하게 사용되는, 정말로 유용한 방법입니다.

[그림] 해양 속 자원 연구.
미세량의 방사성 동위 원소를 이용하여
지구의 70%를 차지하는 해양 속을 연구할 수 있습니다.

대기 중 오염 물질을 처리하는 방사선

화석 연료에서 배출되는 황산화물(SOx)과 질소 산화물(NOx)은 산성비 등 환경 오염의 원인이 됩니다. 이에 전자 빔을 사용하면 이 둘의 미세 먼지를 동시에 제거할 수 있습니다. SOx와 NOx 가스에 전자 빔을 쬐여 각각 황산과 질산으로 만들고, 암모니아로 중화해 암모늄염으로 회수하는 것입니다. 회수한 암모늄염은 비료로 사용할 수도 있습니다.

다재다능한 전자 빔은 공정에서 발생하는 휘발성 유해 물질 처리에도 사용됩니다. 농도가 낮아 소각 처리가 어려운 휘발성 물질은 활성탄 흡착이나 생물학적 방법을 주로 사용하고 있지만, 이는 비용이 많이 들고 악취 등을 발생시킬 수 있습니다. 하지만 방사선을 활용하면 휘발성 유기 물질의 오염물 자체를 파괴할 수 있으며 공정이 간단해 비용까지 절감할 수 있습니다.

[그림] 전자 빔을 이용한 대기 환경 오염 처리.
전자 빔은 휘발성 유해 물질 처리도 가능합니다.

다이옥신은 왜 위험한가요?

다이옥신은 상온(25°C)에서 무색의 결정성 고체이며, 자연계에 한번 생성되면 잘 분해되지 않고 안정적으로 존재합니다. 그래서 토양이나 침전물들 속에서 축적되고 생물체 내로 유입되면 수십 년 혹은 수백 년까지도 지속할 수 있습니다. 다이옥신은 물에 잘 녹지 않는 반면 생물체 안에서는 지방에 축적되며, 배출이 잘 되지 않습니다. 모든 동물은 물을 마시거나 숨을 쉬거나 음식을 먹음으로써 다이옥신을 섭취하게 되며, 특히 사람은 먹이 사슬의 가장 높은 자리를 차지하고 있기 때문에 다른 동물들이 먹은 다이옥신이 최종적으로 몸속에 축적되는 위험성이 큽니다.

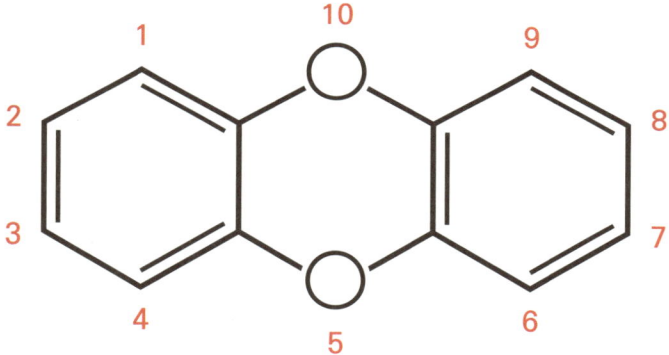

[그림] 다이옥신의 구조.

대기 중의 다이옥신과 직접 반응하는 방사선

 쓰레기를 소각하면 발암 물질인 다이옥신이 대기 중으로 배출됩니다. 우리나라도 쓰레기 처리를 거의 소각에 의존하고 있어 다이옥신 문제가 제기되고 있습니다. 소각 온도를 800°C 이상 고온으로 높이면 다이옥신 생성을 막을 수 있습니다. 하지만 기술 면이나 비용 면에서 어려움이 있어서 소각이 쉽지 않습니다. 반면에 방사선을 이용하면 다이옥신 물질과 직접 반응해 최종적으로 무해한 물질로 분해할 수 있습니다. 이는 활성탄 흡착 같은 일시적 처리와는 다른 영구적 방법입니다. 일본과 유럽 등에서는 이미 이와 같은 방사선의 장점을 이용해 다양한 시스템과 기술을 개발하고 있습니다.

[그림] 공기 오염.

병원 폐기물 처리의 문제

　병원에서 발생하는 폐기물은 적출물, 플라스틱 등을 포함해 매우 다양합니다. 이들은 주로 소각이나 매립 방식을 이용하는데 유기물과 적출물 등은 소각하고 나머지는 매립하고 있습니다. 하지만 선별하는 작업 자체에서 병원성 세균 감염의 위험이 있고, 매립지 역시 세균의 서식지가 될 수 있습니다. 방사선의 강력한 멸균 능력은 이 같은 경우에도 효과적으로 작용하게 됩니다. 병원 폐기물의 위생적 취급이 가능한 것입니다.

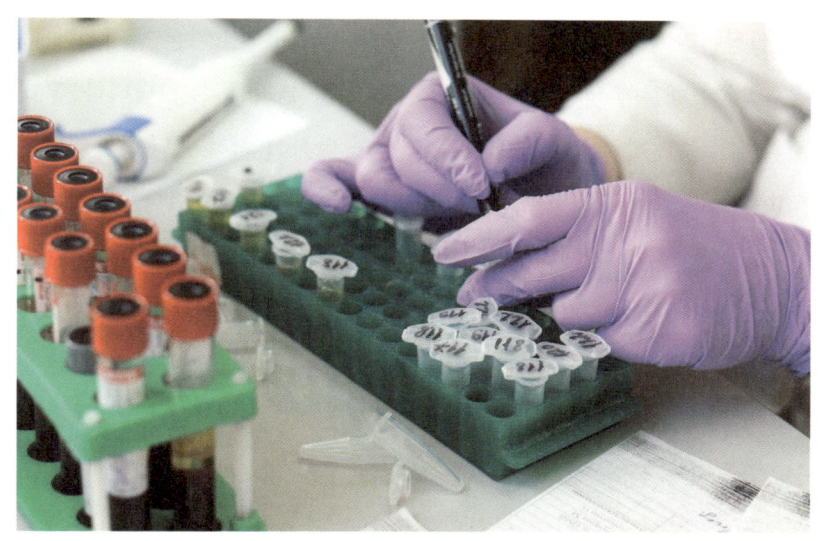

[그림] 병원 폐기물.
의료용 폐기물은 적출 조직, 플라스틱, 주사기 등 매우 다양합니다.

변압기 절연유 처리 문제

또한 송배전에 사용되는 변압기의 절연유에는 환경 유해 물질인 폴리염화 바이페닐(PCB)이 함유돼 있어 폐기되는 변압기를 처분할 때는 이 PCB를 처리해야 합니다. 기존 처리 대상 폐절연유가 많아 처리가 시급한 실정이라 합니다. 하지만 바이페닐과 결합된 염소기는 방사선에 매우 약하기 때문에 낮은 선량에서도 염소기를 분리할 수 있답니다. 우리나라에서는 폐절연유의 PCB 농도가 낮아 방사선 처리가 더욱 용이하며 50kGy 정도의 선량에서 대부분 제거되는 것이 증명됐습니다.

환경부에 따르면 PCB는 불에 잘 타지 않으며 환경과 동물의 체내에 오래 머물며 먼 거리를 이동할 수 있는 잔류성 유기 오염 물질(Persistent Organic Pollutants, POPs)입니다. 한때 변압, 축전기 등 기타 전기 장비 및 농양 냉각제와 윤활유로 많이 사용되었다고 하여 문제가 되고 있습니다. 이 물질의 독성으로 잔류성 유기 오염 물질로 생산은 1978년 미국 연방 법률에 의해 금지되었습니다.

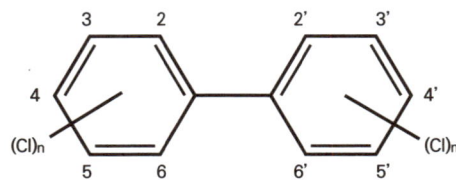

[그림] 폴리염화 바이페닐.
(polychlorinated biphenyl, PCB)

토양 오염 복원

 오염된 토양의 복원에도 방사선 처리가 유용합니다. 토양의 산성화가 진행되면서 오염된 토양의 복원 필요성이 증가되고 있는데, 기존에는 스팀을 사용하는 등의 물리적 방법과 미생물을 이용하는 방법을 사용했다고 합니다. 하지만 두 방법 다 실제 오염 현장에서 사용하기에는 한계가 있었습니다. 그래서 대체할 수 있는 다른 방법이 필요했고, 그게 바로 방사선이었습니다. 방사선을 토양에 함유된 오염 물질에 조사하면 물질과 직접 반응해 무해 물질로 전환할 수 있고, 오염 물질을 추출한 경우에도 추출액을 방사선으로 처리가 가능해 다른 방식보다 효과적입니다. 환경을 개선한다는 것은 무척이나 어렵고 비용이 많이 듭니다. 그렇기 때문에 방사선은 환경에서 놀라운 정화 능력과 효율성을 보여 주며 우리의 감탄을 자아냅니다.

 대충 보면 무서울 수 있는 방사선도, 자세히 보면 유용한 점이 참 많습니다.

[그림] 토양.
산성화된 토양에서는 식물이 성장하기 어려워 오염된 토양의 복원이 필요합니다.

Chapter 4

방사선이
신물질을 만든다고요?

이동 수단의 핵심 기술에 방사선이 쓰인다고요?

　과학과 공학의 발전이 만들어 낸 삶의 모습 중심에는 이동 수단 (transportation)이 있습니다. 세상 어느 곳이든 하루 안에 이동할 수 있는 현재의 과학 기술은 작게는 우리의 일상생활을 너무도 편리하게 만들어 주었고, 크게는 전 세계가 활발히 교류할 수 있는 지구촌 문명을 만들어 내었습니다. 더 나아가 현대에는 꿈의 무대인 우주로까지 나아갈 수 있는 세상을 가능하게 했습니다.

　이 같은 탈것은 과학 기술의 집합체라 할 수 있습니다. 에너지를 만들고, 경로를 계산하고, 안전을 설계하고, 하늘을 날고, 레일을 가로지르고, 바다를 항해할 수 있었던 데에는 정말로 다양한 기술과 장비가 사용되기 때문입니다. 방사선의 특별한 능력은 이러한 수많은 기술의 곳곳에서도 보이지 않는 빛을 발합니다. 다양한 이동 수단이 삶의 모습을 움직이는 과정에서, 방사선은 때론 열렬한 동력을 만들어 내는 엔진이 되고, 새로운 길을 여는 날개가 되며, 안전과 체계를 지키는 보험이 되어 줍니다. 방사선과 우리는 함께 가고 있습니다.

[그림] 운송 수단과 방사선의 관계.
방사선은 운송 수단의 핵심적인 기술에 관여합니다.

방사선과 품질의 향상

모든 운송 수단은 각자의 역할을 수행하는 많은 부품의 합력으로 움직입니다. 그리고 이들을 만들고 또 조합하는 조립 라인은 무척 정밀한 제어 과정을 요구합니다. 방사성 동위 원소는 그 자체로 조립 라인에서 사용되는 로봇과 장비들의 자동화 정밀도를 높이고 관리하는 데 큰 도움을 줍니다. 더불어 각 부품과 기관의 역량에도 방사선은 든든한 조력자가 됩니다.

예를 들어 자동차 크랭크(내연 기관에서 피스톤의 왕복 운동을 회전 운동으로 바꾸는 축)의 부품은 고열과 고속으로 발생하는 진동에 잘 견뎌야 합니다. 여기에 중성자선을 이용하면 다양한 공학적 재료의 변형을 측정할 수 있답니다. 대표적으로 폭스바겐은 이에 관한 계산 결과가 들어맞는지 확인하기 위해 중성자 스트레인 스캐너를 사용하고 있습니다. 자동차를 만드는 데는 전면 유리부터 헤드라이트까지 다양한 종류의 유리가 사용됩니다. 해당 공장에서 중성자 송수신기를 정밀한 위치에 설치해 수행하는 습도 제어 등을 통하면, 이 유리의 품질 역시 확실히 보장된다고 합니다.

[그림] 중성자를 이용한 재료 정밀 분석.
자동차 재질 개선에 방사선이 사용됩니다.

Chapter 4. 방사선이 신물질을 만든다고요? 97

방사선으로 자율 주행차의 제어 기능 향상

최근 자율 주행차의 상용화가 되어 이 기술을 뒷받침해 줄 전자 제어에 대한 관심이 높아지고 있습니다. 전자 장치의 제어는 단순한 오류에도 치명적인 결과를 초래할 수 있어 기존의 수준을 넘어서는 고품질의 반도체 집적 회로가 필요합니다. 작은 제어 문제는 탑승자의 생명에 영향을 주기 때문에 사전에 불량 제품을 걸러 내는 것이 핵심 기술입니다. 대부분의 불량 제품은 출하 전 적절히 관리돼 실사용에 중대한 영향을 끼치진 않으나, 소프트 에러(Soft Error)의 경우 일회성 불량으로 불량 분석을 통한 원인 분석이 불가능한 경우가 대부분입니다.

반도체 집적 회로 제품의 비정상적인 상태나 동작을 의미하는 폴트(Fault), 에러(Error), 페일러(Failure)는 용어가 혼용되어 쓰이고 있습니다. 그중 폴트는 에러를 발생할 수 있지만, 잠재적이거나 단순히 사라지기도 하는데요, 폴트의 대표적인 예로는 반도체 집적 회로 제조 결함에 의한 발생, 우주선(Cosmic Ray)에 의한 비트 플립(Bit Flip)이 있습니다. 그중 반도체 집적 회로 고장의 70%를 차지하는 원인은 알파 입자, 우주선에 의한 중성자, 중성자로 인한 보론 핵분열 등입니다. 알파 입자는 생산 재료 물질에서 알파 입자 생성을 매우 낮추는 방법이 필요하며, 태양풍 등에서 발생한 우주선의 중성자 입자의 예기치 못한 유입 등을 고려해야 합니다. 또한 반도체 제조 공정에서 사용하는 보론의 핵분열 문제가 있으므로 이러한 영향력을 사전에 평가하는 것이 필요합니다.[2]

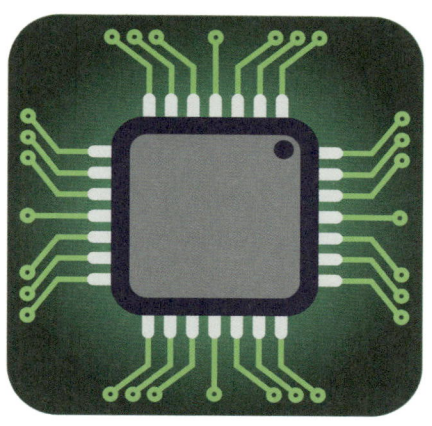

[그림] 자율 주행차에서 반도체의 중요성.
자율 주행차의 제어 기술은 안전과 직결과 검사 항목이다.

---

2 선연수, "강화되는 자동차 기능안전성표준(ISO26262)에 대비한 회로 설계와 제조 방안" 테크월드 뉴스, 2019.4.24.

양성자 혹은 중성자로 금속의 마모와 산화를 측정

또 하나의 중요한 문제는 마모와 산화에 대한 대비입니다. 오랜 시간 운전하다 보면 엔진 등의 금속 물질은 조금씩 마모되거나 산화될 수 있습니다. 하지만 작은 손상이 계속되면 연료의 낭비와 사고 위험 등 적지 않은 문제를 초래하게 됩니다. 이를 측정하기 위해서는 부품을 분리했다 재조립해야만 할까요? 양자나 중성자를 링 같은 금속 물체의 표면에 조사하면 그 물체는 방사성을 띠게 됩니다. 이 금속 물체가 마모되거나 산화되면 윤활유에 방사성 물질이 섞이게 되죠. 이때 이 윤활유를 분석하면 손실된 금속의 양을 정확히 알아낼 수 있습니다. 그것도 엔진이 동작하는 동안에도 가능합니다. 게다가 자동차 프레임이나 용접부에 있는 어떤 결함이든지 방사선 측정 기술이나 방사선 사진술 등으로 찾아낼 수 있습니다. 이로써 오늘날에는 부품의 미세한 상태까지도 조정할 수 있으며, 상당한 시간과 비용을 절감할 수 있게 됐습니다.

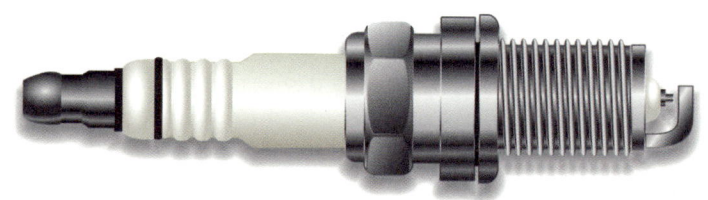

[그림] 금속 부품의 마모를 평가하는 방법.
양성자 혹은 중성자 조사해 방사성 물질을 만들어 마모된 정도를 평가할 수 있습니다.

감마선(자연 방사선)으로 튼튼한 타이어를 만들어요

또 자동차의 가장 기본적인 부품인 타이어에도 방사선 기술이 적용됩니다. 예전과 비교해 타이어의 보증 거리와 수명은 2배 이상 늘어났으며 안전성 역시 증가했습니다. 예전처럼 유황을 직접 사용하는 공정 대신 고무 제품에 감마선을 적당히 쬐여 주면 제품의 분자 구조를 바꾸어 적은 비용으로 마모를 개선하고 품질을 높일 수 있습니다. 그 외에도 방사선 기술은 철도 레일의 응력을 측정하거나 자동 항법 장치, 그리고 연비 향상 등에도 무척 효과적으로 이용되고 있습니다. 방사선은 우리의 안전과 효용을 뒤에서 보이지 않게 지켜 주고 있습니다.

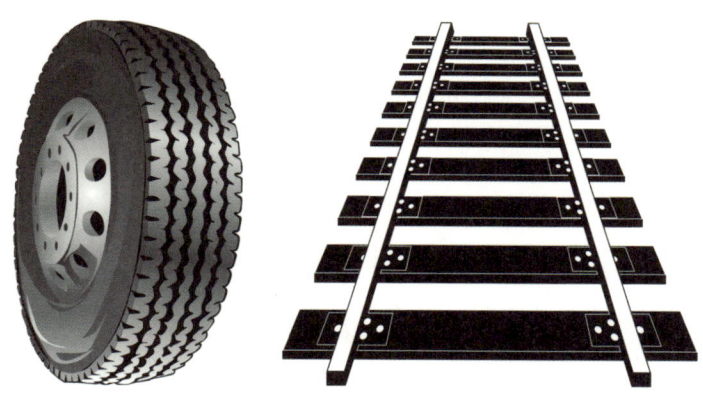

[그림] 안전을 높이는 방사선.
방사선으로 타이어 재질을 튼튼하게 만들고 철도의 응력을 측정할 수 있어요.

선박의 안전은 방사선이 지킨다

선박을 만드는 세계 조선 시장에서 우리나라는 명실상부한 1위를 차지해 왔습니다. 시장 점유 물량이 1위라는 것은 품질도 1위라는 것이겠죠. 최고의 자리는 그만큼의 안전 역시 뒷받침돼야 합니다. 안전은 출항부터 도착까지 배 위의 모든 것을 책임지는 것이기 때문입니다. 1912년 1,500명을 태운 초호화 여객선 타이태닉호가 빙하에 부딪쳐 침몰한 주된 이유도 선박 건조와 안전 검사 소홀 때문이었습니다.

건조된 선박이 바다로 나가기 위해서는 철저한 안전 검사가 반드시 필요합니다. 철판으로 구성된 선박의 제작은 용접으로 이루어지기에, 특히 안전과 직결되는 용접 부위의 결함 여부를 제대로 확인하는 것이 중요합니다. 이를 위해서 방사선 촬영이 필수적으로 사용됩니다. 만약 용접이 미흡하거나 손상된 부분이 있으면 그 부분에 방사선이 많이 투과돼 방사선량이 많이 도달하게 되죠. 또한 방사선은 선박 내부 깊숙한 곳까지 도달할 수 있기 때문에 설계와 내부에 문제가 없는지 샅샅이 살펴볼 수 있습니다. 망망대해를 항해하는 선박이 항로와 해저 지형 등을 파악하는 데에도 방사선 기술이 유용하게 사용됩니다.

[그림] 유람선.
선박 제작의 용접 확인은 안전에 매우 중요합니다.

잠수함의 에너지원

잠수함은 어떤 에너지를 써야 할까요? 핵에너지를 이용한 원자로는 잠수함을 위한 이상적인 동력원이 돼 줍니다. 원자로는 화석 연료처럼 산소를 요구하지 않기 때문입니다. 따라서 산소가 부족한 바닷속에서 아주 오랫동안 머물 수 있습니다.

세계 최초의 핵 잠수함인 노틸러스호는 연료를 장전하고 지구 네 바퀴만큼의 거리를 항해할 만큼 놀라운 연료 효율을 보였습니다. 이는 바다 위에 떠 있는 도시, 항공 모함에도 적용됩니다. 거대한 항공 모함을 가동하기 위해서는 막대한 동력이 필요합니다. 특히 잠수함 내에는 수많은 공군 비행기와 수천 명을 태우고 달려야 하므로 엄청난 힘이 필요합니다. 이 에너지를 위해 여러 개의 원자로를 이용합니다.

또한 원자로는 공간을 적게 차지할 뿐만 아니라 화석 연료 무게의 수만분의 1에 해당하는 무게로 줄일 수 있습니다. 줄어든 무게만큼 한정된 배의 공간에 더 많은 용품을 담을 수 있습니다. 그래서 원자로는 쇄빙선 등 다른 선박들에도 사용되고 있으며, 앞으로 거대 선박의 운영에 날개를 달아 줄 것으로 기대됩니다.

[그림] 잠수함.
거대 잠수함은 대형 비행기와 수많은 인력을 수용해야 하는 등
대단히 큰 에너지원이 필요합니다.

항공기의 안전은 방사선 사진으로 예방한다

　나아가 오늘날 우리 삶의 연장선은 하늘에까지 닿아 있습니다. 항공기술의 발달은 전 세계 사람들의 일상을 바꾸어 버렸을 만큼 현대 문명의 큰 축을 만들어 냈죠. 이젠 항공기 없는 삶은 상상하기 힘들 정도이지만 한편으로 수천, 수만 미터 상공을 가르는 비행기는 큰 위험을 안고 있다고 느껴집니다. 하지만 실제로 항공기 사고는 매우 드물게 일어나며, 비행기는 그 어떤 것보다 안전한 교통수단이라고 전문가들은 입을 모읍니다.

　이렇게 하늘 위의 안전을 만드는 첨단 기술에도 방사선이 들어 있습니다. 항공기가 제대로 뜨기 위해서는 몸체를 구성하는 재료가 가장 중요합니다. 그래서 재료의 두께나 용접 부분은 방사선 사진을 통해 지속적으로 점검받고 있습니다. 일반적인 비행기에는 주로 감마선이 사용되며, 복합 재료를 사용하는 군용기에는 중성자가 사용됩니다. 이 같은 검사 시스템으로 발견한 모든 결함은 즉각적으로 조치가 이루어지고 있습니다. 그뿐 아니라 핵심 부품에 사용되는 금속, 유리 같은 재료를 제작할 때도 방사선은 일상적으로 이용되고 있습니다.

[그림] 비행기의 안전.
비행기 안전 관리를 위해 주기적으로 방사선 사진을 이용하여
동체의 접합 부위 등을 확인합니다.

발광성 방사성 물질의 활용

　방사선은 또한 제작과 검사에만 사용되는 것은 아닙니다. 비행기의 항법에도 방사선이 이용될 수 있으며 공항 관제탑에서 이착륙을 유도하는 등에도 에너지원을 제공합니다. 트리튬 등 발광성 방사성 물질은 날씨나 정전 등에도 상관없이 언제나 신뢰할 수 있으므로 이러한 응용은 결과적으로 안전한 항공 여행에 크게 기여하고 있습니다.

　다만, 앞서 언급했듯이 높은 고도에서 비행을 하게 되면 지상보다 우주 방사선에 더 많이 노출됩니다. 실제로 한 번의 대륙 간 비행 중에는 약 0.03mSv에 노출된다고 합니다. 하지만 이 정도의 방사선량은 연간 자연 방사선량의 100분의 1 정도에 지나지 않기 때문에 일반인보다 더 많은 비행을 하는 조종사나 승무원이라 하더라도 방사선의 영향을 받아 이상이 생길 가능성은 거의 없습니다. 오히려 항공 기술이 우리에게 주는 이점은 이와 비교할 수 없을 정도로 큽니다.

　우리의 발걸음이 미치는 지구의 대륙과 섬은 서로 분리돼 있지만, 전 세계의 바다와 하늘은 하나로 연결돼 있습니다. 그리고 이 길을 자유롭게, 또한 안전하게 누빌 수 있게 해 주는 든든한 이정표에는 우리가 모르는 사이 방사선이 언제나 자리 잡고 있습니다.

[그림] 발광 물질.
발광 물질을 이용하여 항법 기기에 활용하면 전원이 차단된
상태에서도 신뢰성 있게 계기판을 읽을 수 있습니다.

우주선 핵심 기술 방사선!

지구 대기권을 넘어 우주로 나아가는 우주 산업은 첨단 과학 기술의 결정체입니다. 그만큼 우주는 거대하고 신비하며, 만반의 준비가 필요한 곳입니다. 그리고 우리가 우주로 발을 내딛는 데 결정적인 역할을 한 것도 역시 방사선입니다. 실제로 방사선 기술은 미국항공우주국(NASA)을 포함한 여러 우주 산업에서 중추적인 역할을 하고 있습니다.

[그림] 방사선 기술과 우주 과학.
우주는 극한의 환경이며 방사선 기술을 바탕으로
우주선을 제작해야만 안전한 우주 탐사가 안전하게 이루어질 수 있습니다.

우주의 극한 환경에서 에너지원의 필요

이른바 극한의 환경인 우주는 '아무것도 없는' 환경입니다. 우리는 이 곳에서 모든 것을 스스로 만들어 내야 합니다. 가장 중요한 것은 전력을 공급하는 것입니다. 우주 비행과 이착륙, 회전 등을 제어하고, 지정 임무 수행 및 데이터를 전송하고, 내부 환경을 조절하는 등 여러 곳에 충분한 전력을 공급하는 전원이 필요합니다. 유인 우주선의 경우 더 많은 전력이 필요합니다.

방사성 동위 원소 열전 발전기

전원으로 태양광 발전을 이용하는 방법이 있지만 태양 에너지는 거리의 제곱에 반비례하기 때문에 태양에서 먼 궤도로 갈수록 효율이 급격히 떨어집니다. 그래서 가장 주목받는 전원으로 방사성 동위 원소 열전 발전기(RTG, Radioisotope Thermoelectric Generator)가 있습니다. 이것은 온도가 서로 다른 금속을 연결하면 열전도와 함께 전기가 흐르는 현상인 열전 효과를 이용하는 것인데요, 방사성 열원을 이용해 한쪽 금속에 열을 가해 작동합니다. 이것은 또 발사 후 수십 년 동안 작동할 수 있고, 효율이 높아짐에 따라 RTG는 많은 우주 탐사선에 모든 전력을 공급할 수 있었습니다.

[그림] 아폴로 14호에 사용된 방사성 동위 원소 열전 발전기.
SNAP-27 RTG

(출처: NASA)

최고의 안전성이 요구되는 분야

　우주는 아주 작은 기술상의 문제 하나도 커다란 사고로 이어질 수 있는 곳입니다. 그렇기 때문에 충분히 신뢰할 수 있는 시스템과 재료를 사용해야 합니다. 실제로 이 때문에 우주선에선 20세기의 중앙 처리 장치(CPU)를 사용하기도 합니다. 전력을 공급하는 전원 역시 매우 중요합니다. 방사선 기술을 이용한 RTG는 움직이는 부분이 없어 매우 견고하고 믿을 만합니다. 또한 각 모듈의 방사성 열원은 충격과 진동에 강한 이리듐 캡슐로 싸여 있으며, 고강도 흑연 실린더로 이 캡슐을 보호합니다. 그리고 이 흑연 실린더까지도 공기 보호막으로 감싸 보호합니다. 이렇게 철저한 보호 시스템으로 혹시 모를 전원 사고로부터 안전하게 보호하면서 전력을 공급할 수 있습니다.

[그림] 산화 플루토늄.
카시니호, 갈릴레이호 방사성 열원에 사용된
산화 플루토늄(238)의 펠렛으로 62와트의 출력을 냅니다.

(출처: wikimedia commons)

극저온의 환경에 에너지를 제공

영하 200℃에 육박하는 차가운 진공 상태인 우주에서는 필요한 열을 공급하는 것 역시 무척 중요합니다. 이러한 열 공급을 위해서도 방사성 동위 원소가 유용하게 이용되고 있습니다. 이에 적절한 원소인 플루토늄-238은 알파 입자를 방출하며 붕괴하는데, 이 알파선의 작용으로 원소를 둘러싼 세라믹 물질을 가열할 수 있습니다. 이러한 방법을 방사성 동위 원소 가열 장치(RHU, Radioisotope Heater Unit)라고 하며 무게가 가볍고 환경 변화에 내성이 강합니다. 그리고 플루토늄-238의 반감기는 87년으로, 오랫동안 지속적으로 열에너지를 낼 수 있다는 장점이 있습니다. RTG를 포함해 역학적 동위 원소 전력 시스템(DIPS), 알카라인 금속열 전력 변환기(AMTEC) 등의 발전된 전력 시스템에 열원으로 사용됩니다. 이들 장치 역시 여러 겹의 안전장치로 보호돼 있으며, 탁월한 지속성과 신뢰성으로 거의 모든 우주 비행에 사용되고 있습니다.

[그림] 극저온.
눈, 북극과 같이 저온 환경에서도 열 공급은 주요한 어려움이나,
우주와 같이 극저온 환경에서는 열 공급이 더 어렵습니다.

대규모의 에너지원을 만드는 원자로

 방사성 동위 원소를 이용한 이들 기술은 열과 전력을 공급하는 데 많은 장점이 있지만, 그 규모에 한계가 있습니다. 그렇기에 큰 범위에서 궁극적인 방법은 원자로를 이용하는 것입니다. 앞서 언급했던 것처럼 원자로는 매우 높은 전력을 생산할 수 있으며 장기간 가동할 수 있습니다. 또한 산소가 없는 우주에서도 전력을 제공할 수 있습니다. 또 무게가 1kg 증가하면 발사 비용이 1억 원이 더 필요하다는 우주선 제작에서 상당한 무게를 줄일 수 있기에 매우 경제적입니다.

 일반인들은 핵전력 로켓이 발사대에서 폭발해 방사능으로 오염되지 않을까 걱정을 합니다. 생각과 달리 핵전력 로켓은 기존의 화학적 추진을 이용해 발사하고, 지구 궤도 밖으로 벗어나면 핵 추진을 가동하는 방법 등으로 위험 가능성을 크게 감소시킵니다. 이 같은 우주 산업에서의 원자력 도입은 우주여행처럼 우리가 기대해 왔던 미래의 모습을 만들어 내기 위한 열쇠가 되어 줄 것입니다.

 지구 어디에나 언제나 존재하는 방사선은 하늘과 바다를 넘어 이제는 우주까지 통하고 있습니다. 우리 몸에도 이 세상의 모든 곳에 방사선은 존재하며, 우리는 광활한 우주에서까지 방사선을 활발히 이용하고 있습니다.

[그림] 로켓 발사.
로켓 발사 시에는 화학적인 방법을 이용하고,
우주에 나간 후에 안전하게 핵 추진을 가동합니다.

방사선으로 상품을 만든다고요?

대량 생산과 자동화를 가능하게 했던 산업 혁명과 과학 기술의 발전은 오늘날의 사회를 산업화 시대로 만들었습니다. 그 덕분에 우리는 이러한 눈부신 문명을 너무도 익숙하게 누리고 있습니다.

그런데 우리가 사용하고 있는 상당한 제품들이 생산 과정에서 방사선 기술을 이용한다는 것을 아시나요?

매일 들여다보는 휴대 전화, 컴퓨터, 음료수 심지어 지금 보고 계신 이 책까지! 그리고, 지금 앉아 있는 가구도, 우리가 살고 있는 건물도 한 번 이상 방사선의 영향을 받은 것입니다. 방사선의 응용 분야 중 가장 큰 비율을 차지하는 곳은 바로 산업 분야입니다. 그런데, 너무 많아 다 다룰 수 없네요. 산업 기술에서 방사선이 이용되는 극히 일부분만을 살펴보겠습니다.

[그림] 산업과 방사선.
상당한 제품의 생산 과정에 방사선이 사용됩니다.

Chapter 5

방사선이
물질을 분석한다고요?

방사선 게이지로 두께를 재요

산업 현장에서는 제품 생산에 있어서 불량률을 줄이는 것이 핵심입니다. 그렇지만 그 과정이 저렴해야 하고, 빨라야 하며, 생산된 제품은 고품질이어야 합니다. 제품의 상태를 감시하고 관리하는 것은 그 무엇보다 중요합니다. 이렇게 공정이나 제품의 상태 관리에 방사선이 널리 이용되는데 이를 방사선 게이지라 합니다.

먼저 재료의 두께를 살펴보겠습니다. 판이나 도금 등에 방사선을 쬐여 흡수 또는 산란되는 정도를 측정하면 두께를 알 수 있습니다. 차량 및 항공기, 도관, 지붕 등에 사용되는 금속 열연 강판을 압연할 때 두께는 품질에 중요한 영향을 미칩니다. 압연 금속의 두께를 측정할 때는 보통 감마선을 이용합니다. 주로 세슘-137에서 방출된 감마선이 투과하는 정도를 측정해 공정에서 강판의 두께를 계측하고 조절합니다. 또한 종이를 만드는 산업은 성분과 용도에 따른 두께 조절이 매우 중요한 핵심 기술입니다. 무척 중요한 요소입니다. 제지 공정에서는 초당 300m 이상의 속도로 움직이는 종이의 두께를 방사선을 이용해 정확히 측정할 수 있습니다.

[그림] 종이 두께.
종이가 일정한 두께를 가지도록 생산 공정에서 방사선 게이지를 사용합니다.

방사선 게이지로 도금 코팅의 두께를 확인해요

　종이나 플라스틱, 고무 등 침투 강도가 그렇게 높지 않은 제품은 베타 입자를 도입하는데 주로 크립톤-85나 프로메튬-147 등이 사용됩니다. 베타 입자는 물질에 깊이 침투할 수는 없지만, 방사선이 물질에 입사되었을 때 산란에 따라 반사되는 후방 산란이나 1차 방사선에 따라 야기돼 방출되는 X선을 분석하면 얇은 도금이나 코팅의 두께도 파악할 수 있습니다. 이 외에도 셀로판지, 포장 랩, 알루미늄박(포일) 등에도 다양한 방사선 두께 측정기가 사용되며 이로써 우리는 많은 관련 제품을 일상생활에서 저렴한 가격에 사용할 수 있습니다.

[그림] 금도금.
방사선을 이용하여 산란된 X선을 분석하여
도금 두께를 파악할 수 있습니다.

방사선 게이지로 물질의 밀도를 잽니다

지금까지는 얇은 물질의 두께를 살펴보았습니다. 놀랍게도 방사선 게이지는 거대과학인 지반의 두께 측정에도 사용할 수 있습니다. 두께가 일정한 용기에서 서로 다른 시료의 방사선 흡수 또는 산란의 정도를 측정하면 용기 내 물질의 밀도를 구할 수도 있습니다. 방사선 밀도 측정기로 굉장히 미세한 밀도 차를 탐지할 수 있으며, 사람이 접근하기 힘든 환경에서도 사용할 수 있습니다. 예를 들어 지반 밀도계는 시공한 지반에 구멍을 뚫고 감마선원을 넣어 투과되는 감마선을 흡수해 밀도를 측정하고 있습니다. 지질학 및 토목 공학에서 유용하게 활용하는 기법입니다. 또한 밀도가 최종 강도에 큰 영향을 미치는 콘크리트를 만들 때도 중요하게 사용되며, 파이프 등 금속 벽이 부식되거나 공기탱크에 물이 들어가면 밀도가 변하므로 이 역시 곧바로 탐지해 대응할 수 있습니다. 두께 계측기만큼이나 밀도 측정기도 실생활 제품에서 매우 다양한 용도로 사용되고 있습니다.

[그림] 석유 시추.
석유가 매장된 곳을 찾기 위해 지반 검사를 합니다.
시추한 곳에 구멍을 뚫고 감마선원을 넣어 땅의 밀도를 측정할 수 있습니다.

방사선 게이지로 액체 수위를 측정합니다

 방사선 게이지는 용기에 액체를 채우는 공정에서 사용되는 수위(레벨) 측정입니다. 한쪽 벽에 방사선원을 배치하고 반대쪽에 검출기를 설치하면, 액체의 수위가 상승해 어느 순간 기기의 방사선 신호를 막게 됩니다. 그 즉시 용량이 목표 수준에 다다랐음을 알 수 있게 됩니다. 또한 석유 등급을 나누는 정유 과정처럼 밀도가 비슷한 두 액체의 경계 측정처럼 복잡한 공정에도 방사선 측정기가 사용됩니다. 감마선을 대상 물질에 쬐인 다음 후방 산란된 감마선을 측정해 경계면의 위치를 알아낼 수 있습니다. 이를 통해 완전히 자동화된 과정을 통해 빠르고 확실하게 제품을 만들 수 있습니다.

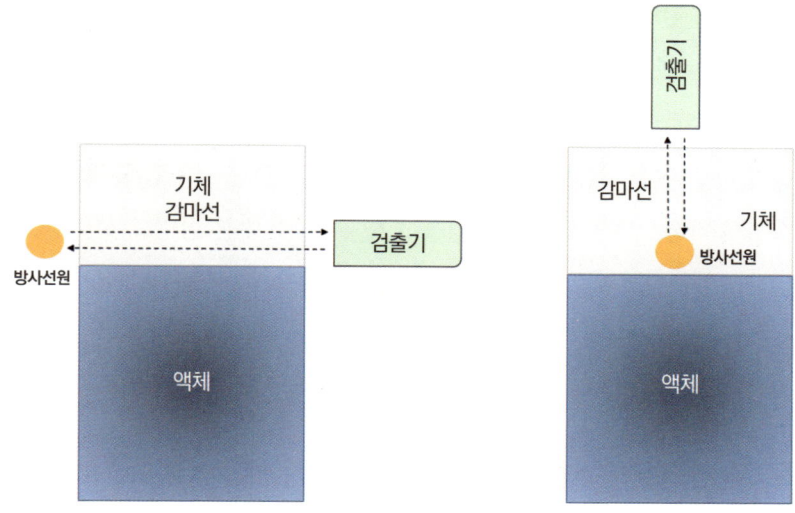

[그림] 액체 수위 조절.
방사선 한쪽 벽에 방사선원을 배치하고 반대쪽에 검출기를 설치하면,
액체의 수위가 상승해 어느 순간 기기의 방사선 신호를 막게 되어
목표 수위를 조절합니다.

방사선 게이지로 성분을 분석합니다

　방사선 흡수 성질의 차이를 이용하면 성분이 함유된 정도를 평가할 수 있으며, 이를 성분계라고 합니다. 대표적으로 아메리슘-241을 방출하는 저에너지 감마선을 이용하면 석유 제품 중 불순물인 유황의 함유량을 측정할 수 있습니다. 기름 성분의 주성분인 탄화수소에 흡수되는 감마선 흡수 계수보다 유황의 감마선 흡수 계수가 훨씬 큰 것을 이용해 함유량을 알아냅니다. 더불어 중성자선의 특징에서 말했던 것처럼 물의 성분인 수소의 작용으로 산란되는 특성을 통해 물질 내 수분 함량도 잴 수 있습니다. 이때 자발적으로 중성자를 내는 캘리포늄-252를 쓰거나 아메리슘-베릴륨(Am-Be), 플루토늄-베릴륨(Pu-Be)과 같이 방출된 알파 입자가 표적과 반응해 중성자를 내는 합성 선원을 이용합니다. 이 외에도 액면, 분진, 단위 중량 측정기 등 방사선으로 공정을 제어하는 많은 분야가 있습니다.

방사선 게이지인 화재 감지 장치

　화재 감지 등에 쓰이는 연기 탐지기도 방사선 기술을 이용한 것입니다. 알파선이나 베타선처럼 전하를 띤 입자는 공기를 이온화시킬 수 있는데, 공기뿐 아니라 여러 가지 기체, 액체, 고체 원자도 이온화시킵니다. 전압을 건 전극 사이의 공간에 있는 공기를 이러한 방사선으로 이온화시키면 전리량에 따라 전리 전류가 회로에 흐르게 됩니다. 이 공간에 연기 분자가 지나가면 이온이 연기 분자에 달라붙어 전리 전류가 감소합니다. 이와 같이 연기를 탐지합니다.

[그림] 화재 감지기.
이온화 감지기는 충전 전극 사이에 방사성 물질을 삽입시켜
이온화된 공기가 전자를 운반해 전류를 흐르도록 구성돼 있습니다.
공기 내에 연기가 있으면 평상시보다 적은 전류가 흐르면서
이 변화량을 수신기로 신호를 보내도록 구성합니다.

가스 크로마토그래피

비슷한 원리로 잔류 농약이나 에센셜 오일 성분 분석 등 다양한 분야에 쓰이는 가스 크로마토그래피라는 장치가 있습니다. 가스양의 시간적 변화를 측정하는 데에는 주로 전자 포획형(EC형) 가스 크로마토그래피 장치가 사용됩니다. 검출부가 있는 가스 통로에 니켈-63 등 소량의 방사성 동위 원소와 전극을 설치해 방사성 동위 원소에서 나오는 베타선의 흐름을 전류로 측정합니다. 방사선원과 전극 사이에 가스가 지나가면 전자 포획이라는 현상으로 베타 입자가 가스 분자에 포획돼 움직임이 막히게 되죠. 그렇게 되면 통과한 가스의 양에 따라서 전류가 감소해 가스의 통과량을 분석할 수 있는 것입니다. 이처럼 방사선 게이지는 철강, 제지, 화학, 정유, 가스 등 공업 영역에서 폭넓게 사용되며, 대량의 제품을 빠르게 생산하는 데 큰 힘이 되었을 뿐만 아니라 품질 향상, 에너지 절약, 비용 절감 등 많은 효과를 만들어 내고 있습니다. 또한 최근에는 발달된 하드웨어 및 소프트웨어를 통해서 더욱 정밀하고 다양한 기능으로 활용할 수 있습니다.

방사선은 투시 초능력이 있군요!

　방사선이 물질을 투과하는 성질은 그 자체로 특별한 능력이지만, 공학적으로 응용됐을 때 더욱 빛을 발합니다. 대표적인 것으로 방사선을 물체에 쬐여 투과한 선량이 필름을 감광시킨 결과를 분석하는 '라디오그래피(radiography)'라는 기술이 있습니다. 물체를 파괴하지 않고 내부를 알아낼 수 있기에 비파괴 검사에 속하며 외관상으로 알 수 없는 제품과 구조물 등의 내부를 검사하는 데 이용됩니다. 초기에는 용접 부위의 손상이나 이물질 등 물체 내부의 불연속성을 파악하는 정도였으나 정밀함이 점점 발전하면서 미세한 부식이나 결함도 찾아낼 수 있습니다.

　이를 이용해 라디오그래피는 엔진 터빈의 균열 파악이나 세라믹 제품의 품질 제어, 자동차 부품 윤활막의 존재 확인, 문화재의 내부 구조 조사 및 촬영 등에 이용되고 있습니다. 최근에는 기계-컴퓨터 기술의 발전으로 광자 산란을 이용해 필름이 없어도 검사가 가능한 기술이 이용되고 있습니다. 플라스틱 제품, 폭탄의 내부 기폭제, 로켓의 고체 연료 충전 상태 등 일부 검사 유형에서는 감마선보다 수소 산란이 더 큰 중성자선을 사용해 해상도를 더 높일 수 있습니다. 이렇게 라디오그래피는 반도체 재료 같은 미세한 소자부터 원전이나 선박 등 대형 구조물에 이르기까지 중요한 과정으로 활발히 활용되고 있습니다.

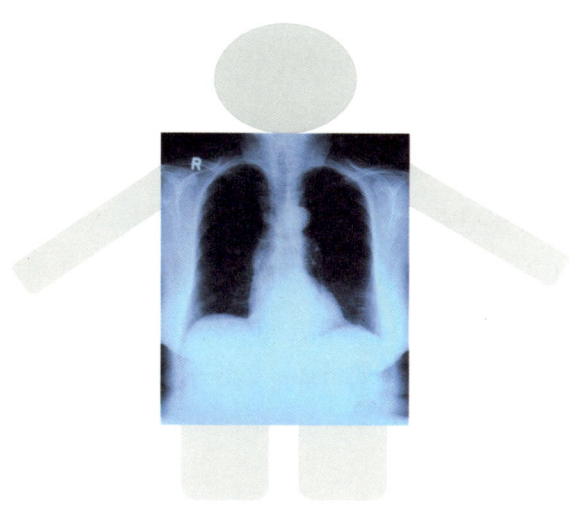

[그림] 투시.
라디오그래피는 우리가 흔히 엑스레이(X-ray) 영상 촬영으로
아는 방법으로 우리 몸을 투시하는 기법입니다.

인체나 사물의 성분을 분석하는 데
방사선을 활용할 수 있습니다

　방사선의 흡수 계수나 선량이 감소하는 선감쇠 계수 등 수치는 물체의 강도, 밀도, 결정 구조, 두께, 구성 성분 등에 따라 달라지므로 이러한 광학적 특성을 분석해 영상으로 나타낼 수 있습니다. 방사성 사진법으로도 불리는 이 검사 과학은 무척 정밀해 물체의 3차원 영상까지도 보여 줄 수 있습니다. X선이나 컴퓨터 단층 촬영(CT)이 대표적인 예시입니다. 또한 양전자 방출 단층 촬영(PET/CT)은 방사성 의약품과 컴퓨터 단층 촬영을 합하여 대사 영상과 해부학적인 영상을 융합하여 진료에 활용하고 있습니다. 미래에는 보다 다양한 영상 기법과 디지털 기술을 기반으로 의료와 산업 현장에서 더 다양하게 활용될 것입니다.

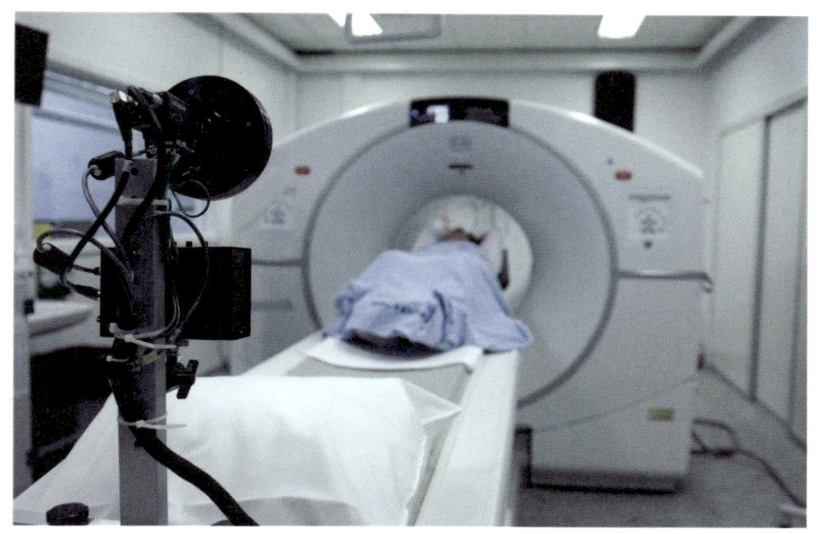

[그림] 의료용 컴퓨터 단층 촬영(CT) 장치(인공 방사선).

더 좋은 해상도에 도전하다

중성자, 광자선 융합 영상은 더욱 해상도 높은 영상을 제공하기도 하며, 마이크로 초점 X선 장치나 고해상도 미세 단층 촬영 등 발전된 기술도 상용화돼 있습니다. 나아가 전자 빔을 이용하는 전자 현미경은 광학 현미경의 한계를 뛰어넘어 물질의 구조를 파악하는 데 큰 도약을 이뤘습니다. 전자의 산란 및 회절 등의 성질을 분석하는 전자 현미경은 투과력을 이용하는 투과 전자 현미경(TEM)과 반사에 따른 후방 산란이나 이차 전자를 이용하는 주사 전자 현미경(SEM)이 있습니다. 전자 현미경은 원자 크기의 해상도로 물질을 볼 수 있으므로 이를 통해 세포 구조, 소자 재료, 복합 화합물 등 매우 다양한 분야를 파악할 수 있답니다. 우리는 보이지 않는 방사선을 이용해 눈으로 보이지 않는 것을 볼 수 있는 초능력자가 되었습니다. 멋지지 않나요?

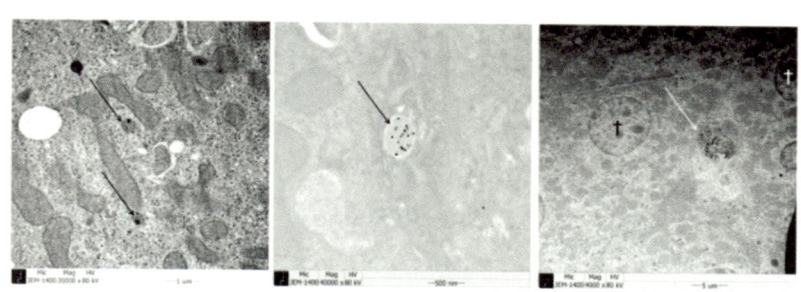

[그림] TEM 이미지.
쥐의 간담췌 조직에서 34nm 크기의 나노 입자의 이동 경로의 증거를 찾는 영상.

(출처: 서효정 외, Scientific reports, 2015.)

방사성 추적자

앞서 농업 분야에서 말한 것처럼 물질에 미량의 방사성 동위 원소를 가미해 이를 추적하는 방사성 추적자 기술은 물질이 반응하고 이동하는 일련의 과정을 분석할 수 있습니다. 이를 공장 내로 가져온다면 방사성 물질 추적을 통해 공정 시스템 내 물질의 상태와 흐름을 시간에 따라 파악할 수 있습니다. 이로써 복잡한 공정에서 원하는 물질의 가공 및 체류 시간을 조절하고 가장 적절한 성분과 그 양을 처리합니다. 그뿐만 아니라 유속의 측정, 부식 속도 측정, 부피 계측, 증류 및 정화 장치 검사, 혼합 성능 측정, 공해 물질 추적 등에 방사성 추적자가 활용되며, 파이프의 누출 위치 유로 막힘처럼 즉시 이상을 탐지하는 것도 가능합니다.

[그림] 방사성 추적자.
방사성 물질은 탐정처럼 물질의 상태와 흐름을 파악하는 데 사용할 수 있습니다.

방사성 물질(자연 방사선)로 희석 농도를 알아냅니다

　이미 알고 있는 일정량의 방사성 추적자를 이용해 측정이 필요한 같은 원소의 양을 알 수 있는데 이를 동위체 희석 분석법이라고 합니다. 예를 들어 염소 제조 공장에서는 식염을 원료로 사용하는데 이를 전해시키는 장치에서 음극으로 사용합니다. 하지만 이 수은이 장치 밖으로 유출되면 안 되기에 수은의 양을 정확히 측정하는 것이 중요합니다. 이때 수은의 방사성 동위 원소를 혼합해 수은의 비방사능을 측정해 음극으로 사용되는 수은의 양을 계산할 수 있습니다. 넣어 준 방사성 수은의 비방사능을 알고 있고 혼합된 수은의 비방사능을 측정하면 그 차이를 통해 희석된 정도를 알 수 있습니다.

$$S_1W_1=S_2(W_1+W_x)$$
$$W_x=W_1\times[(S_1/S_2)-1]$$

[그림] 직접 동위체 희석법 공식.
시료 중의 목적 물질 A의 미지량 Wx를 정량하기 위해 목적 물질과
화학적으로 동일한 표지 물질 *A비방사능 S1은 이미 알고 있을 때,
일정량 W1을 첨가하여 균일하게 혼합한 후 혼합물 (A+*A)로 부터
그 일부를 순수하게 분리하여 비방사능 S2를 구합니다.
산수를 하면 계산할 수 있습니다!

흡수, 분포, 대사, 배설을 알아낸답니다

　또한 매우 작은 단위에서 물질의 이동을 알아낼 수 있는 특성은 화학 반응의 기작[3] 등을 규명하는 데 유용하며 특히 생명 과학 분야에서 널리 사용됩니다. 동식물의 대사 과정에서 영양 성분의 흡수 경로 및 작용을 분석할 수 있을 뿐만 아니라 이를 제약 분야에 적용하면 약품의 작용을 분석하는 데 큰 시너지 효과를 냅니다. 더불어 방사성 동위 원소를 표지해 DNA 염기 서열을 알아내는 방법은 생명 공학 기술의 핵심이 됐습니다. 이렇게 산업에서 이용할 수 있는 방사성 동위 원소는 그 종류와 양이 무척 많아 원하는 거의 모든 곳에 활용할 수 있고, 아주 적은 양으로도 측정이 가능하며 재료의 품질에 영향을 미치지 않습니다. 이는 수많은 공정과 제품 처리에 비약적인 발전을 가져왔습니다.

3　기작: 생물의 생리적인 작용을 일으키는 기본 원리.

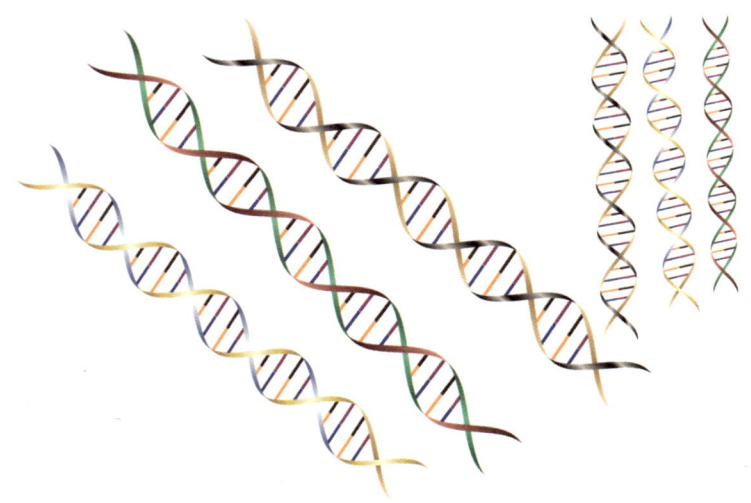

[그림] DNA.
DNA의 염기 서열의 분석에 방사성 물질을 활용합니다.

방사선을 이용한 가공 기법

　방사선의 능력은 물질의 정보를 알 수 있게 해 주는 것만이 아닙니다. 방사선이 물질과 직접 작용해 이를 물리적, 화학적으로 변화시키는 성질을 이용하면 다양한 소재를 유용하게 가공할 수 있습니다. 고분자 물질에 방사선을 쬐이면 가교 반응, 중합 반응, 그래프팅(grafting), 분해 반응 등이 일어납니다.

　가교 반응은 인접한 분자 사슬 사이에 화학 결합을 만드는 가교 결합을 말하는데 폴리에틸렌, 폴리스티렌, 폴리염화 비닐(PVC) 등이 이 과정을 거치게 됩니다. 이들은 타이어, 전선, 플라스틱 단열재, 열 수축성 튜브, 코팅 도막의 경화 등 제조 과정에서 폭넓게 사용됩니다. 열 수축성 제품은 먼저 고분자를 원하는 형태로 만들고 전자 빔이나 감마선을 쬐여 가교 결합시키는데, 이를 가열시켜 크기를 늘린 후 다시 냉각시키면 독특한 기억효과를 가지므로 이후에 가열되면 원래의 형태로 돌아갑니다. 이러한 열 수축성 제품은 열과 화학적 공격에 강하며 에너지 절약형으로 경화 속도가 빠르기 때문에 항공, 선박, 스포츠, 원격 통신 등에서 새로운 소재로 사용됩니다. 전자 제품 뒷면에서 많이 볼 수 있는 전선도 이런 방사선 과정을 거친 것이죠. 미국에서 방사선 가교 기술을 이용해 개발한 고분자 스위치는 반영구적 사용이 가능해 사용량이 크게 증가했다고 합니다.

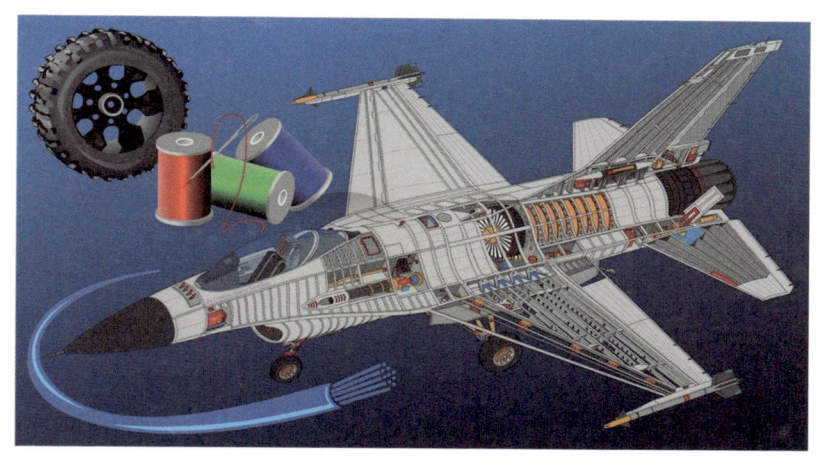

[그림] 방사선 가교 반응 제품.
방사선 가교 반응을 이용한 다양한 제품 생산.
방사선 조사량만으로 재현성이 높은 제품 생산에 활용할 수 있습니다.
타이어, 내열, 내방사선 전선, 고경도 수지 등에 널리 활용됩니다.

생체 적합 물질 생산

　방사선 그래프팅은 고분자의 관능기(functional group, 공통의 화학적 특성을 가지는 고분자 화합물의 공통된 원자단)가 이온화되고 가지를 치는 반응입니다. 이 기술로 기존의 고분자 막이나 직물, 필름 등에 목적 관능기를 부여할 수 있고, 방사선 조사량만을 조절해 유용한 제품 생산이 가능하므로 고품질 제품을 낮은 손실률로 제조할 수 있습니다. 그리고 최근에는 새로운 방사선 유도 고분자 물질 합성 기술이 발달해 생체 적합 물질을 만들어 내는 데 이용되기도 합니다. 대표적으로 하이드로젤(hydrogel)이 잘 알려져 있습니다. 이는 인체 조직과 잘 맞아 화상, 궤양 등으로 손상된 피부의 이식용으로 유용하게 쓰입니다.

[그림] 촉촉한 흙 및 하이드로겔 생산에 방사선 활용.
다공성 구조의 토양 보습제를 생산하거나
인체 적합한 재질 개발에 방사선이 활용됩니다.

방사선으로 고분자 물질을 분해합니다

테플론(상표명)으로 많이 알려진 폴리테트라플루오로에틸렌이나 셀룰로오스, 폴리프로필렌 등은 방사선을 조사하면 분해 반응이 일어납니다. 이를 통해 유용 고분자 물질을 매우 작은 입자로 분해해 여러 첨가물이나 제품에 사용할 수 있습니다. 나아가 일반 환경에서 쉽게 분해되지 않는 것을 제거할 수 있는 방사선 분해 기술은 독성 물질을 분해할 때 빛을 발합니다. 대표적으로 강한 전자선을 쬐여 각종 암, 간 기능 이상, 갑상샘 기능 저하 등을 유발하는 폴리염화 비페닐(PCB)이란 독성 물질을 분해할 수 있습니다. 전자 빔의 에너지를 통해 폴리염화 비페닐을 구성하는 염소 이온을 탈이온화시켜 처리하는 방법을 활용하면 상온에서 단시간에 모든 폴리염화 비페닐을 제거할 정도로 유용한 기술입니다. 이 외에도 분해 기술은 폐수 및 배기가스 정화, 미생물 멸균, 여러 가지 유해 폐기물 처리 등에 중요하게 사용됩니다.

[그림] 플라스틱 쓰레기.
지구상에 과도하게 넘치는 쓰레기 문제를 해결하는 방법
중의 하나로 방사선이 유용할 수 있습니다.

미래 기술 응용은 더욱 무궁무진합니다

이 같은 방사선 가공 기술은 기존에 공업적 과정으로는 할 수 없었던 수많은 일을 가능하게 해 주었습니다. 그 응용 분야는 점점 더 커져 현재는 각종 첨단 신소재와 기술을 만들어 내는 데 광범위하게 활용되고 있습니다. 앞으로 더욱 다채로운 변화를 만들어 낼 방사선의 능력이 기대됩니다.

지금까지 소개한 것 외에도 방사선의 산업적 활용 가치는 너무나도 무궁무진합니다. 방사선과 함께한 100년은 삶에서 많은 것을 바꿔 놓았습니다. 앞서 말했듯 이제는 우리가 사용하고 있는 주변 어떤 제품도 방사선의 도움을 받지 않은 것이 거의 없습니다. 약방의 감초처럼 대부분의 공정과 관련돼 있습니다. 아마 알면 알수록 방사선을 이용하는 수많은 혜택에 놀랄 것입니다. 그 빛은 불가능을 가능으로 바꿀 수 있기 때문입니다.

[그림] 가능과 불가능.
방사선의 활용은 지금까지의 100년보다 더욱 무궁무진하게 다양해질 것입니다.
불가능에서 불을 불태우면 가능이 됩니다. '불 붓는' 가능을 만듭시다!

Chapter 6

방사선은
역사와 예술을 드높입니다

과거를 알아내는 연대 측정법

사람에게나 자연에게나 나이란 것은 언제나 중요하고 또한 민감한 것 같습니다. 내 주위를 둘러싼 환경에서 저 모습은 어디서 왔고 얼마나 지난 모습일까, 궁금해하는 것은 참 자연스럽습니다. 특히 고고학이나 지질학에서 이런 호기심이 돋보입니다. 1억 5,000만 년 전의 암석, 3,000년 전의 고대 유물 등 자연의 나이는 어떻게 알아낼 수 있는 것일까요? 방사성 동위 원소를 이용하면 이러한 자연의 변화를 샅샅이 알아낼 수 있답니다!

방사능은 시간을 측정하는 시계 역할을 합니다. 시계라는 것은 변하지 않는 어떤 '주기'를 가져야 합니다. 바로 방사성 동위 원소의 반감기가 이러한 역할을 합니다. 방사능이 절반으로 감소하는 반감기는 언제나 일정하기 때문입니다. 대표적인 것이 그 이름도 유명한 탄소 연대 측정법입니다.

[그림] 지층.
지층의 단면은 오랜 시간을 담고 있습니다.
과거의 시간을 확인하기 위해서 탄소 연대 측정법이라는 방법을 활용할 수 있습니다.

탄소 연대 측정법

   자연에 존재하는 천연 탄소 원자는 대부분은 양성자 6개와 중성자 6개를 가진 탄소-12입니다. 하지만 우주선이 중성자 8개를 가지는 소량의 방사성 동위 원소 탄소-14도 만들어요. 탄소-14의 개수는 탄소-12의 1조분의 1 정도인데, 중요한 것은 자연에서 이 비율은 일정하게 유지됩니다. 그러므로 물질대사를 통해 탄소를 흡수하고 배출하는 생명체 속에도 일정한 탄소-14 비율이 유지됩니다. 이것은 생명의 항상성입니다. 그런데 생명체가 죽어 이러한 탄소 교환이 중단되면, 체내의 탄소-14는 방사성 붕괴에 따라 점점 줄어듭니다. 즉, 죽은 뒤 시간이 지날수록 탄소-14의 비율은 감소하게 되므로 그 반감기(약 5,730년)를 이용하면 사후 경과 시간을 계산할 수 있습니다.

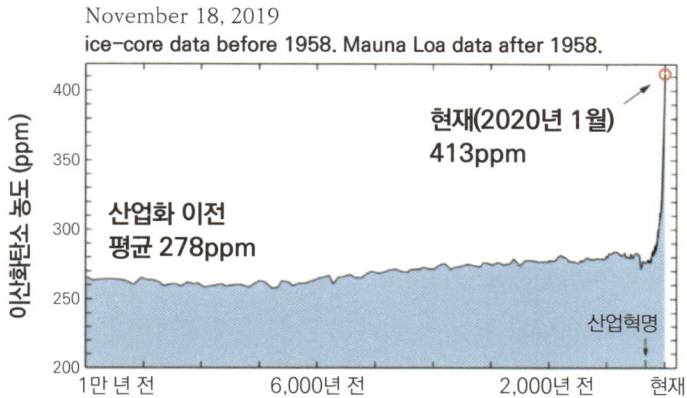

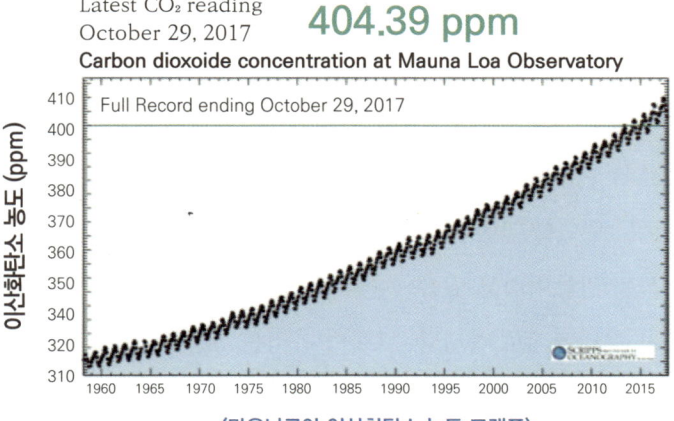

〈마우나로아 이산화탄소 농도 그래프〉

[그림] 지구온난화의 가속화.
지구 대기의 탄소 농도는 산업화 이후
급격히 증가하였습니다.

네 나이를 나는 알고 있다

　이로써 유적이나 문화재 등에서 발견된 조개, 숯, 열매 등의 유기물을 분석해 그 연대를 알 수 있게 된답니다. 심지어는 와인의 생산 연도까지 정확하게 알아내는 등 정말 많은 분야에서 쓰이게 되었습니다. 현재에는 기술이 발전해 비율뿐만 아니라 탄소-14 원자를 직접 탐지해 매우 정밀한 측정이 가능하다고 합니다. 실제로 탄소 연대 측정법은 타임머신 대신 과거의 수많은 비밀을 풀어 왔습니다. 고고학, 인류학, 자연 과학 등의 역사에 새로운 획을 그을 만큼 유용하게, 그리고 중요하게 활용돼 온 방사성 동위 원소의 능력입니다.

　그뿐 아니라 우라늄, 토륨, 칼륨 등의 방사능을 측정해 유기물이 아닌 다른 시료의 연대도 측정할 수 있습니다. 무기 결정이 받은 자연 방사선의 양으로도 연대를 알아낼 수 있죠. 지금 이 순간에도 시간은 흐르고 새로운 역사는 만들어지고 있습니다. 방사선은 돌아갈 수 없는 과거의 모습을 품고 우리에게로 옵니다. 그래서 우리는 지금까지, 그리고 앞으로도 이들의 정보를 바라는 것이 아닐까요? 적어도 직접 과거로 가 볼 수 있을 때까지는….

[그림] 스톤헨지.
고고학은 오래된 과거 유산을 연구하는 학문입니다.
건축물의 연대 측정 및 물질 분석을 통해 인류 역사를 확인합니다.

예술품을 더 가치 있게

앞서 설명한 방사선의 활용에서 자주 눈에 띄는 단어가 보입니다. '정밀', '보존', '측정' 등…. 이들을 연상시키는 분야가 더 있지 않나요? 바로 문화 예술이 그중 하나입니다. 사소하고 민감한 변화에 따라 그 가치가 결정되기 때문입니다. 이러한 예술품을 더 예술답게 해 주는 주문 같은 존재도 방사선이라는 것은 이제 그리 놀라운 것도 아닙니다.

고대 건물이나 동굴, 바다 밑에 묻혀 있던 예술품은 시간이 지나고 밖으로 노출되면 공기와 반응해 빠르게 산화됩니다. 이는 문화재 보존에 무척 치명적입니다. 그래서 식품에서와 비슷하게 방사선 조사가 사용됩니다. 방사선 조사 기법을 이용하면 우선 부패를 일으키는 미생물을 처리할 수 있을 뿐만 아니라 고분자 구조를 통해 예술품 자체를 경화시킬 수도 있습니다. 이렇게 귀중한 예술품을 장기간 보존할 수 있게 만듭니다.

[그림] 목조 건물 단청.
목조 건물 예술품 보존에도 방사선을 활용합니다.
감마선을 이용한 목재 문화재 보존을 위한 기초적인 연구를 통해
목재 문화재에 피해를 야기하는 25종의 미생물과 흰개미를
비롯한 수종의 해충에 대해 살균/살충 효과를 검토하였으며,
소나무를 비롯한 주요 수목과 단청 등에 대해서도 검토가 되었다고 합니다.

정확한 보존을 위해 현재를 파악하다

　정확하고 과학적인 보존을 위해서는 현재의 상태를 파악하는 것 역시 중요합니다. 여기에 물질을 파괴하지 않고 투시할 수 있는 방사선 비파괴 검사가 유용하게 활용됩니다. X선을 이용해 흙에 덮여 보이지 않는 유물의 형태를 확인할 수 있으며 CT를 이용해 정확하고 입체적인 형태 분석을 하기도 합니다.

　이렇게 기초적 자료가 갖추어지면 예술품 복원도 가능합니다. 작품을 보존하는 것도 중요하지만 어쩔 수 없이 훼손된 작품을 복원하는 기술 역시 매우 중요하죠. 이를 위해서는 우선 예술품을 강화시킬 필요가 있습니다. 서로 체인처럼 이어져 있는 고분자를 가한 뒤 감마선을 쏘면 기존 분자들과 연결되면서 전체적으로 강도를 높일 수 있어요. 또한 복원 과정에 앞서 방사선을 조사하면 이전에 이 작품을 수리했던 모든 방식이 드러납니다. 따라서 상호 보완적으로 복구를 할 수도 있죠. 방사선을 쬐인다고 마법처럼 복원이 되는 것은 물론 아니지만, 예술품의 가치를 되살리는 데 필수적이고 보완적인 역할을 방사선이 맡고 있습니다.

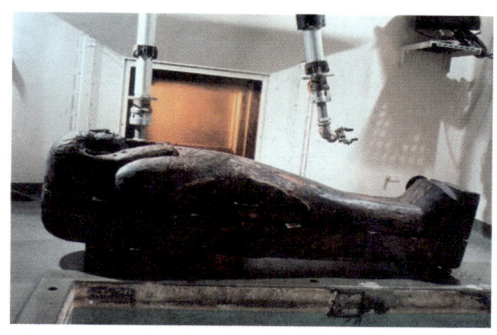

[그림] 방사선을 이용한 문화재 보존 국외 사례.
(프랑스 ARC-Nucléart, Laurent Cortella 박사 제공)
문화재 보존 선진국인 프랑스는 몸에 해로운 메틸 브로마이드를
사용하지 않는 정책에 의해 기존의 훈증 소독 처리 기술을 대체할 수 있는
문화재 보존 관리 기술을 이미 1970년대부터 개발했습니다.
바로 방사선 기술을 이용하여 문화재의 보존·복원·멸균 처리를 수행해 왔습니다.
왼쪽은 미이라의 감마선 보존 처리이며, 오른쪽 그림은 나무로 된
다색 교회 조형물 〈천사들과 사도들, 16세기〉의 벌레 박멸 처리 사진입니다.
이 방법은 현재 널리 사용되고 있습니다.

예술품의 비밀을 밝혀라!

　방사선은 또 예술품의 비밀도 풀어냅니다. 대표적으로 X선 형광 분광 기법을 이용해 작품의 성분을 분석하는 것인데요, 프랑스 박물관에서는 레오나르도 다빈치의 〈모나리자〉, 그 미소의 비밀도 알아냈다고 합니다. 모나리자 그림에 사용된 물감의 종류와 화학 성분을 분석한 결과 모나리자를 그릴 때 눈가와 입가에 아주 얇은 물감층을 최대 30겹까지 칠했다는 것이 밝혀졌습니다. 그 두께가 0.05mm 이하였을 정도로 다빈치는 정교한 덧칠을 했습니다. 이러한 과정이 특별한 느낌을 주는 모나리자 미소의 비밀이었습니다. 또한 이러한 방법으로 물감이나 재료의 연대와 성분을 파악하면 예술품의 진위를 알 수 있습니다. 현대에 만들어진 모조품이 원작의 세월 속에 깃든 숨결까지도 따라 할 수는 없습니다.

[그림] 〈모나리자〉
모나리자의 미소는 매우 유명하며, 눈가와 입가에
아주 얇은 물감층을 최대 30겹까지 칠했음에도 불구하고
0.05mm 이하로 정교하게 덧칠을 하였다고 합니다.

방사선 조사로 만들어진 청색 토파즈

그 자체만으로 아름다움을 한껏 방출하는 갖가지 보석들, 이들은 그 찬란함만큼이나 높은 가치와 가격을 지닙니다. 이 때문에 예전부터 보석은 화폐 대용으로 쓰여 왔으며 현재에도 상당한 규모의 보석 시장이 형성돼 있습니다. 일반적으로 보석은 땅속 깊이 어딘가에 원석의 형태로 묻혀 있다가 캐낸 이후 가공을 거쳐 우리에게 오게 되는데요, 이 보석을 더욱 가치 있게 만드는 데도 방사선 기술이 매우 중요하게 활용됩니다.

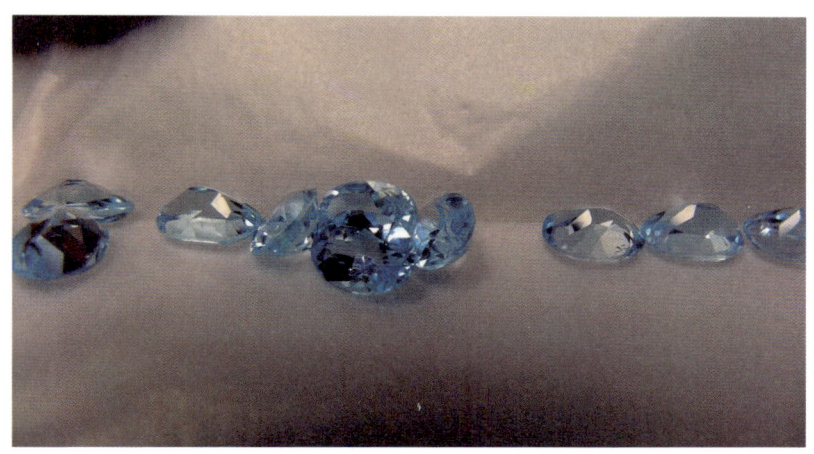

[그림] 블루 토파즈.
방사선 기술 사용으로 가장 널리 알려진 보석이 토파즈입니다.
무색의 토파즈에 방사선을 쬐이면 푸른빛을 띠는 코발트 블루 토파즈를 만들 수 있습니다.
현재 시중에 있는 대부분의 청색 토파즈는 방사선 조사로 만들어졌다고 합니다.

시각적 아름다움의 가치, 보석

보석이 더욱 가치 있어진다는 것은 곧 우리 눈에 더 아름답게 보인다는 것입니다. 보석이 반짝임과 예쁜 색을 띠는 것은 보통 특정한 불순물이 포함돼 있기 때문입니다. 분자 구조 안에서 이들의 핵이나 이온에 따라 특유의 색을 내게 됩니다. 즉, 방사선을 통해 이러한 원자 간의 구조나 배치를 바꿀 수 있고, 이를 잘 이용하면 더욱 아름다운 모습을 만들어 낼 수 있는 것입니다. 예를 들면 블루 다이아몬드라는 파란색을 띠는 다이아몬드가 있습니다. 다이아몬드를 구성하는 탄소 원자 일부가 방사선 처리로 자리를 이탈하면 빛의 일부를 흡수하게 되는데, 이 때문에 다양한 색상의 다이아몬드를 만들 수 있습니다.

[그림] 블루 다이아몬드.

안전한 방사능 수치

이렇게 방사선 조사를 하면 일정 시간 보석이 방사능을 띨 수도 있습니다. 그래서 시장에 판매하기 전 방사능을 매우 안전한 수준까지 붕괴시키도록 하는 법이 존재합니다. 한미보석감정원 김영출 원장은 "지금까지 검사에서 기준치 이상의 방사성을 띠는 보석은 없었으며 현재 시장에 방사선 조사 때문에 위험한 보석이 존재한다고 말하기는 어렵다."라고 말했습니다. 즉, 정상적인 시장에서 구입한 보석은 걱정할 필요가 없다는 뜻입니다.

더욱 중요한 것은 천연 보석과 혼동되지 않도록 인공 처리 사실을 명시하는 것입니다. 방사선 가공 여부는 눈으로 구별할 수 없을 만큼 구분하기 어렵다고 합니다. 대부분이 자연 상태에서 원석이 형성될 때도 지각의 자연 방사선의 영향을 받기 때문이죠. 그래서 전문 보석상도 이를 판별하기 어렵다고 합니다.

방사선 조사 기술 감별도 방사선이 한다

하지만 아이러니하게도 그만큼 뛰어난 방사선 조사 기술을 감별해 내는 것 역시 방사선이 합니다. 인공 다이아몬드와 자연 다이아몬드는 빛에 반응하는 성질이 조금 다릅니다. 따라서 빛의 한 종류인 X선을 쬐였을 때 투과되는 정도로 이를 구별할 수 있습니다. 또한 인공적으로 만들어 낸 진주도 그 핵에 차이가 있으므로 다이아몬드와 같은 방법으로 구별이 가능합니다. 그 외에도 앞서 말했던 X선 형광 분석 기능을 이용해 원소를 분석하는 등 보석을 감정하는 데 핵심적으로 방사선 조사 기술이 이용됩니다. 즉, 신뢰도가 가장 중요한 보석 시장과 그 감정 기술에 방사선이 큰 힘이 되고 있습니다.

[그림] X선 형광 분석.
빛의 한 종류인 X선으로 보석에 투과되는 정도로 성분을 분석할 수 있습니다.

방사선 응용은 마법처럼,
생각지 못한 곳에서도 쓰입니다

　방사선 응용 기술은 우리가 세상을 조금 더 잘 이해할 수 있도록 합니다. 겉으로 보기에는 하나의 마법처럼 보일 정도입니다. 방사선을 이용한 역사는 얼마 되지 않지만, 방사선 기술은 우리에게 좀 더 깊은 역사를 보여 주었습니다. 수백만 년을 거슬러 올라간 역사에서 현재에 이르기까지 우리는 우리의 문화와 예술에 아름다움을 주고, 신뢰를 만들며, 그 가치를 이해하고 간직할 수 있는 힘을 받았습니다.

맺음말

미시 과학과 거시 과학은 꽤 닮은 구석이 있습니다.
세포의 DNA의 염기 서열 구별하거나
거대한 지층의 연대를 알아내거나
저 멀리 우주의 존재를 파악할 때조차
방사선의 원리가 쓰이지 않는 곳이 없습니다.

방사선은 마치 마법처럼
우리에게 미지의 세상을 볼 수 있도록
새로운 눈을 주었습니다.

사실 마법은 멀리 있는 것이 아닙니다.
주변을 둘러보면 이미 당신은 마법의 세상에 살고 있습니다.
방사선은 오래전부터 있었던 흔한 마법입니다!